SÖPÖ SUOMI!

CONTENTS

プロローグ　フィンランドに暮らして……………………4

1 ………………………………………………………7
　DAILY FOODS　毎日の食べ物
　COFFEE&TEA　コーヒー、紅茶
　SWEETS　お菓子
　DRINKS　お酒、飲み物
　etc　他、いろいろ

2 ………………………………………………………33
　BODY CARE　ボディケア・グッズ
　MEDICINES　クスリ、健康食品
　COSMETICS　化粧品
　COMMODITIES　キッチン用品、日用品
　etc　他、いろいろ

3 ………………………………………………………51
　STATIONERY　文房具
　POSTAL GOODS　切手、絵はがき
　MATCHES & CANDLES　マッチ、ロウソク
　SOUVENIRS　おみやげ
　etc　他、いろいろ

4 ………………………………………………………73
　BROCHURES　パンフレット、チケット
　ADVERTISEMENTS　広告
　USED BOOKS　古本
　SIGNS　標識、看板
　etc　他、いろいろ

ヘルシンキお買い物事情……………………………98
ヘルシンキとっておきスポット64………………100

フィンランドに暮らして

衣、食よりもまず住にこだわる
居心地のいい住環境がとても大切です。大きな窓とカラフルなカーテン、陽の当たるバルコニーがこだわりポイント。また、多くのひとが湖畔にコテージ（mökki：モッキ）を持ち、夏休みや週末をのんびり過ごします。

サウナのない生活なんて
一戸建てはもちろん、アパートの多くも共用ながらサウナ付き。オフィスビル内にも共同サウナがあります。また、友人の家に遊びに行くと、当然のようにサウナに誘われ、文字通りハダカのおつきあいとなります。

お肌かさかさに乾きます
こちらは、ぱりっぱりっに乾いた気候です。お肌は保湿クリームがないと、年中かさかさ状態。家の中も乾燥しているので、洗濯物もすぐ乾きます。だから、こちらでは室内干しがフツーなのです。

ヘルシンキ近郊でもリスやヘラジカと遭遇
ヘルシンキ中心からバスで10分も走れば、一面森と湖の風景に。近郊にあるわが家の前でもリスが走り回り、道路脇には「ヘラジカ飛び出し注意」の標識。リビングからは、バルト海を行く客船も見えます。

残業はしません
私のオフィスは16時終業。「2分過ぎちゃった」と悔しそうに言いつつ席を立つ同僚。夏休みは平均3週間。プライベートにこそ人生ありですが、教育レベルやモラルがとても高いので仕事もうまく回っているのでしょう。

公用語が2つあるから
フィンランド語の他に、スウェーデン語も公用語。通りの表示や商品パッケージも2通りで書かれています。通りの名前では、「katu」と書かれているほうがフィンランド語です（katuは「通り」という意味）。

通貨はユーロ、消費税は22％
消費税は22％で、所得税もとても高い。でも大学まで教育費はタダ。ベビーカーを引いたお母さんもバスなどタダで乗り放題。リタイア後もきちんと保障。目に見える形で使われているのでしょうがない、と思えます。

人口は日本の1/24、湖の数はなんと18万8000個！
日本の9割ほどの面積で、人口は約520万人足らず。そして、飛行機から地形がレース編みのように見えるほど、湖がたくさんあります。そこら中にある上、誰もいないので、裸で泳いでもへっちゃらなのです。

クリスマス、社長がサンタ姿で
サンタの故郷フィンランドでは、お父さんの変装も本格的。近所に住む勤務先の社長は、ついでにウチにも出張。ヒゲと眼鏡に長い杖。完璧な変装はすぐに誰だか気づかなかったほど。あれなら子供もサンタを信じちゃうはず！

「かわいい」ってあまり言わないけれど、かわいいモノいっぱい！
フィンランド人は日本人ほどモノに対して「かわいい（söpö、ソポ）」とは言いません。それでもSuomi（スオミ、フィンランド語でフィンランドのこと）にはかわいいモノがたくさんあります。さっそくご案内しましょう！

フィンランドはクマたちの王国（ヘルシンキ、カンピ広場）

1

DAILY FOODS
毎日の食べ物
COFFE&TEA
コーヒー、紅茶
SWEETS
お菓子
DRINKS
お酒、飲み物

他、いろいろ

牛乳
maito
100周年を迎えたValio社を、牛さんもお祝いしています。左上から時計回りに高脂肪、ライト、1％、ファットフリー。
（Valio社、各€0.75）

卵
NELIKKO
落書き風のたまごのイラストがユーモラス。この表情を見てしまうと外箱が捨てられません。ふたの内側はオムレツのレシピ。
（Mauri Salo社、€0.65）

オートミール
pika kaura
「朝のとっておき」とパッケージに書いてあります。
(Ravintoraisio 社、€ 0.55)

オートミール
Elovena
熱湯を注ぐだけで出来上がる、簡単バージョン。
(Ravintoraisio 社、€ 1.80)

朝のオートミール

フィンランドでは朝食に、小腹がすいた時にと大人も子供もオートミールをよく食べます。会社では10時のお茶の時間に食べるのが人気。同僚のデスクには、プレーン、リンゴ味など、いろいろ常備されています。私の朝食の定番もこれ。小鍋にお湯を沸かしてフレークを投入、麦畑の女の子に癒されつつ、1分間グツグツすれば出来上がり！ はちみつ、シナモン、ベリーを加えるのが目下のお気に入りです。

セモリナ粉
MANNA
こちらもお湯や牛乳で煮て、おかゆ状にするもの。オートミールより、なめらかな仕上がり。
(Ravintoraisio 社、€ 1.19)

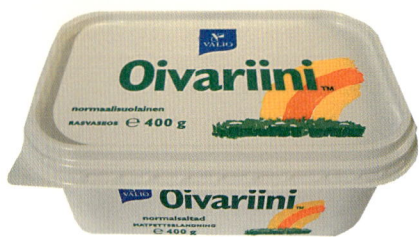

マーガリン
Oivariini
バターが多く含まれるこのマーガリンは、
ライ麦パンの酸味とよく合う。
(Valio 社、€ 1.9)

バター
Voi
ざらっとした紙の包みがなんともレトロ。
くるりと削られたバターの写真が目をひく。
(Valio 社、€ 2.8)

マーガリン
Margariini
Kマートというスーパーのオリジナル・ブランド「PIRKKA」のもの。
(Ruokakesko 社、€ 0.89)

プロセスチーズ
KOSKENLASKIJA
パンに塗ったり、溶かしてスープにしたりと、とても親しまれているチーズ。
(Valio 社、€ 2.45)

なぜ、イカダ BOY ？

この商品が発売された1930年代当時、フィンランドでは男性のほとんどが林業に就いていた。イカダに乗って急流をスイスイ下るのは、そんな男たちの勇敢さやかっこよさの象徴だったという。

はちみつ
HUNAJA
壺をゆさゆさと振って、はちみつを飲み、大満足したのんびりクマさん、あとはお昼寝へ。フィンランドでは紅茶に砂糖ではなく、はちみつ派も多い。
(H.ja J.Parikka 社、€ 4.8)

豆腐
TOFU
中身はちゃんとした絹ごし豆腐。醤油味やトマト味のものも！こちらのベジタリアン・メニューには欠かせません。スーパーではたいていチーズ売り場に。
(soya 社、€ 2.5)

フィンランド人は国産好き！

この鍵のように見えるマーク。じつはフィンランドの国旗をモチーフにしていて、「国産」であることを表しています。誇り高いフィンランド人は、「国産」であることをとても大切にしています。野菜や果物も少し高くても、国産をわざわざ選ぶほど。後で紹介する「白鳥」マークも、食品に限定した国産のマークです。

生クリーム
kerma
左上から時計回りに、脂肪分が少ないもの、ホイップ用、植物性のもの、料理用。
（Ruokakesko 社、€ 0.59 〜€ 1）

ハルヴァ
HALVA
ギリシャの伝統的なお菓子ですが、移民によってフィンランドにも普及。ごま、砂糖、ココアなどが材料で、すりごまを蜜で固めたような食感。
（Halva 社、€ 2.95）

ライ麦パン
EVÄS
ライ麦サンドを作る時はこれ。eväsとは「お弁当」といった意味。
（Linkosuon Leipomo 社、€ 0.63）

ライ麦パン REISSUMIES
どこのスーパーでも山積みになっているポピュラーなもの。
（Fazer Leipomot 社、€ 0.79）

リエスカ joiku
リエスカはじゃがいもが生地に入った、平べったいパン。
（Fazer Leipomot 社、€ 1.42）

パンの食べ方

フィンランドでパンといったら、まずライ麦パン。ビタミン、繊維が豊富でとても健康的。白いパンも食べますが、それを「不健康なパン」と呼ぶ人もいるくらいです。ライ麦パンはバターだけで食べたり、サラミ、ピクルス、チーズなどをのせたオープンサンドにするのが定番。スモークトラウトとディルをのせれば、ウォッカに合う立派な前菜に。固くなったらオリーブオイルを塗ってスティック状に切り、オーブンでかりっと焼いておつまみに。いろいろな食べ方が楽しめます。

ティーバッグいろいろ
CLASSIC（上）、TIIKERIN PÄIVÄUNI（中）、
SADEPÄIVÄN ILO（下）
「トラの空想」（中）、「雨の日の楽しみ」
（下）——凝ったネーミングと楽しい色使
いのパッケージ。戸棚にしまっておくの
はもったいない！
（NORDQVIST 社、「CLASSIC」は € 2、
他は € 2.05）

コーヒーを世界一飲む

フィンランドのコーヒー個人消費量は世界No.1。出社してまず1杯、まだ目が覚めない、と言ってもう1杯、そしてすぐ10時のコーヒータイムと飲み続ける。その後1時間ほどでランチ、ランチ後にまた一杯。そして14時頃にまた午後のコーヒータイムがやってきて、フィンランドの菓子パン・プッラ片手に皆でおしゃべり……。コーヒーメーカーが休まる時はない。

コーヒーの缶（粉入り）
(STOCKMANN オリジナル、€6.3)

No.1

コーヒーの粉
LOISTO-KAHVI（左）、SATA-VUOTISKAHVI（右）
真空パックになっている。左上についているマークは、専用ポットで直接煮出す用（左）、コーヒーメーカーで作る用（右）を表している。上のような缶に移して保管する。
(STOCKMANN オリジナル、€2.9)

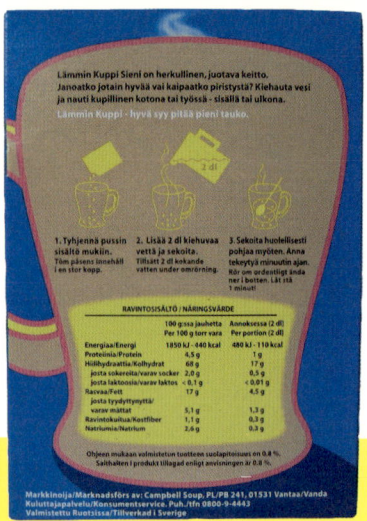

きのこスープ　Lämmin kuppi
(Blå Band 社、€ 1.69、
Balans マーク付き € 1.82)

きのこスープ　Lämmin kuppi（裏）

いちごも美味しいスープに！

フィンランド人はスープ好き。森で採ったきのこを使ったクリーミーな「きのこスープ」、「サーモンとじゃがいものスープ」などは代表的ですが、なんと「フルーツのスープ」もあるのです。いちごを始めとするベリー類のジュースにとろみをつけたもので、たとえていうなら「葛湯のベリー味」といったところでしょうか。スープといっても冷たくしてジュース感覚で飲まれています。カップスープ版もあり、こちらはホットでいただけるので、風邪をひいた時にもおすすめです。

いちごのスープ（左）　Mansikka Keitto (Valio 社、€ 1.65)
ベリーのスープ（右）　Lämmin kuppi（Blå Band 社、€ 1.69)

コンソメ野菜スープ

じゃがいもとポロネギのスープ

チキンスープ

ブロッコリーとネギのスープ
「Balans」マークは、
具だくさんのヘルシースープ

レモンとタラゴン風味のチキンスープ

スペイン風トマトスープ

マッカラ本
Nakit ja muusi
歴史、レシピ、正しい焼き方など、マッカラおたくによるマッカラのすべてがここに。
(Otava 社、€ 46.2)

マッカラ天国

特大ソーセージ、マッカラはフィンランド人には欠かせない食べ物。サウナの後に戸外で直火であぶってかぶりつくのが一番おいしい食べ方。ハイキングに出かける際にも、リュックにマッカラが定番。戸外で焼かなくても、刻んで炒めたり、スープに入れたりとふだんの食卓にもたびたび登場。スーパーの冷蔵コーナーでは、膨大な種類を前に「マッカラ天国」を実感できます。

マッカラ
WILHELM
数ある中でも肉の割合が多くておいしい。
(Atria 社、€ 1.99)

トゥルクマスタード
Turun Sinappia
マッカラに必須！のマスタードの中でも一番メジャーな銘柄。左から、マイルド、濃いめ、辛め。
(Unilever 社、左・中 € 0.99 右 € 1.20)

きのこサラダ　Sienisalaatti（左）
パイン・人参サラダ　Aurinkoinen suvisalaatti（右）
フィンランド人はクリームであえたサラダが大好き。どちらも甘めの味付け。
（Atria 社、左€1.9、右€1.69）

ほうれん草のスープ　Pinaattikeitto（左）
スモークトナカイとチーズのスープ　Savuporojuustokeitto（右）
とろみがあるので食べた時に満足感があるスープ。トナカイとはフィンランドらしい。
（Ruoka-Saarioinen 社、左€1.89、右€1）

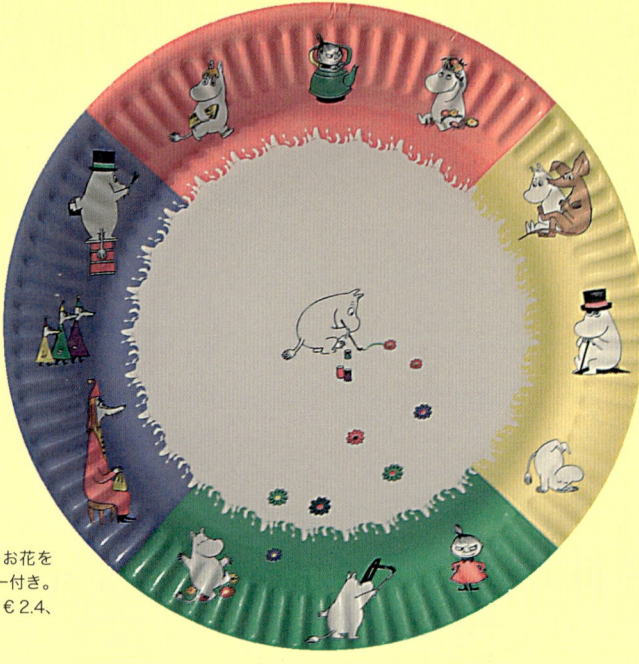

紙コップセットと紙皿
Bibo
お皿の上ではムーミンがせっせとお花を描き中。コップは、ふたとストロー付き。
(Huhtamäki 社、紙コップセット €2.4、紙皿 €2)

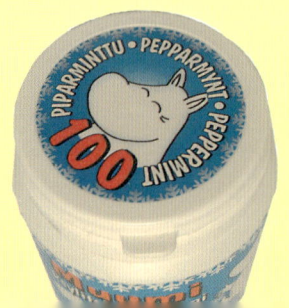

キシリトールガム
Muumi ksylitolipurukumi
はしゃいでいるムーミン。ペパーミント味で100粒入り。
(Fennobon 社、€3.5)

クッキー
Muumi kuviokeksi
太陽さんさん、明るい色調のパッケージの裏には切り抜いて立てられるミニ塗り絵付き。クッキーは食べるのがもったいない！
(LU Suomi 社、€ 1.9)

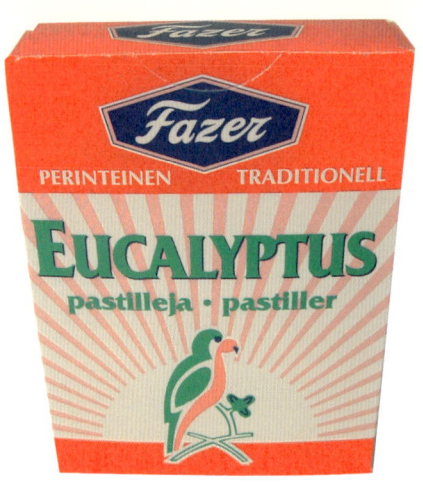

のど飴
EUCALYPTUS
ユーカリエキス入りのど飴。そのままなめても、溶かして飲んでも OK。
(FAZER 社、€ 0.9)

グミミックス
Vanhat autot
クラシックカー型のグミ。食べるのに勇気がいる色使いです。黒はサルミアッキ味。
(Halva 社、€ 2.7)

チョコレートのお菓子
SUUKKOJA
「キス」という名前のポピュラーなお菓子。ぷわぷわのクリームが、薄いチョコにくるまれています。
(Brunberg 社、€ 1.75)

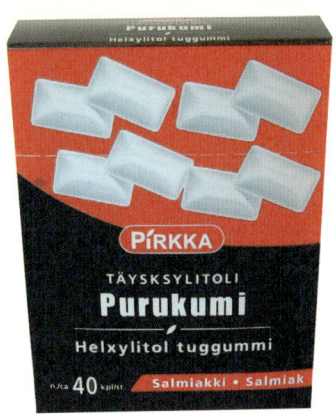

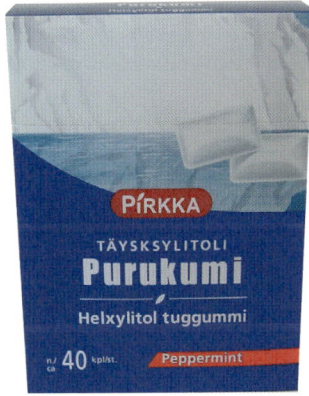

ガムいろいろ
Purukumi
サルミアッキ（左）、フルーツ（右）、ペパーミント（下）味のガム。キシリトール 65 パーセント入り。
(Ruokakesko 社、€ 1.75)

クッキー
VEERA
あいだにクリーム、上にジャム。こうした中身入りのクッキーは、フィンランド人のお気に入り。
(LU Suomi 社、€ 2.8)

ラクリッツ
Panda
アンニュイなパンダにくぎづけ。刺激的なラクリッツの味の中では、マイルドなほう。
(PANDA 社、€ 1.5)

ラクリッツ（上）、ラクリッツ・レモン味（中）、サルミアッキ（下）
LAKRITSI 、LEMON LAKRITSI, SALMIAKKI
この鉛筆サイズの黒い棒をかじりながら街を歩いている女の子多数。スーパーのレジ横必須アイテム。
(FAZER 社、€ 0.25)

真っ黒なグミ、サルミアッキは日本の食べ物にはない味。しょっぱ甘くて、うがい薬っぽくもあり、後半は口の中がスーッとする。

ラクリッツにアンモニウムを加えたものがサルミアッキ。歯触り、風味とも少し違うので、ぜひ両方に"挑戦"を。(FAZER社、€ 0.8)

クリスプブレッド
MAITONÄKKI
笑顔の少年が牛乳入りのコップをのせてくわえたって、割れないくらいにこれ、固いんです。パンがわりにバリバリといただきます。
（Vaasan 社、€ 2.45）

ハジケル時

普段はシャイでおとなしいイメージのフィンランド人ですが、お酒を飲むと「ハジケル」人が多いのも事実。歌って踊って、とっても陽気な一面を見せてくれます。パッケージ・デザインだってシンプルなだけじゃありません。「ハジケタ」ものに出会うことも少なくないのです。

カップデザート
jacky makupala
ムースがもっととろとろになったような激甘デザート。左から、キャラメルカカオ、カカオ、ミルクチョコ＆バニラ。
（Lahden Vientikerma 社、€ 0.35）

エダムチーズ
EDAM
中身とまったく関係ないサイケなパッケージ。真ん中の「白鳥」マークは、原料の3/4以上が国産であることを示します。
(MILKA 社、€ 2.9)

ハンバーガー
Dukes
もみあげたっぷりのウエイター。中身は薄めのパテのみなので、自分で具とケチャップを加えます。
(Atria 社、€ 0.39)

ジュース
grandi
1971年から子供に親しまれているこのキャラクター「kari Grandi」は、冒険家という設定。これからもKariの冒険は続きます。
(Valio 社、€ 0.35)

1　　　　　　2　　　　　　3

4　　　　　　5

ビールいろいろ
1KARHU、2 Sandels、3 KARJALA、4 LAPINKULTA、5 OLVI
フィンランド人にとって、ビールは「食べる液体」とも言われるほど、日々当たり前に摂取するもの。銘柄もたくさんあります。味はどれも似ていて、泡が少なくどっしりと飲みごたえがあるタイプです。
(€ 0.85 〜€ 1.02)

ワインバッグ
ワインのプレゼント用におすすめの
こちら、郵便局のオリジナルです。
(posti オリジナル、€5.9)

クラウドベリーのミニリキュール Lakka Light（左）
野いちごとラズベリーのミニリキュール Mesimarja Vadelma（右）
フィンランドではワイン、ウイスキー、リキュール類は Alko という
酒類専門店でしか買えません。
（リキュール：Lignell & Piispanen 社、€1.95）
（紙袋：Alko オリジナル、€0.08）

手作りビールセット
Kotikalja
（Laihian Mallas 社、€1.45）

おうちでビールを作ろう！

箱の中には、黒蜜のようなどろんとしたビールの素。原料は大麦とライ麦。水に素を溶かした後、砂糖、イーストを入れて寝かせるだけで、2日後にはどっしりとした飲みごたえのフィンランド・ビールが出来上がり。ちょっとイースト風味が強いけれど、よく冷やして飲めばなかなか。しかも一箱で9リットル分、これはかなりお得です。

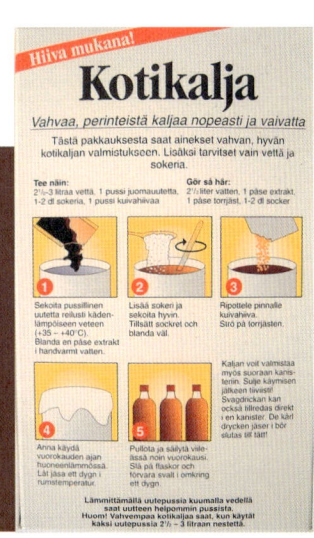

美味しい家庭料理とスイーツ

　フィンランド人の食スタイルは、きっちり型ではなく、だらだら型。ランチ、夕食などはワンプレートで済むような簡単なものをとり、そのかわりにヴァリパラ（välipala、間食）として簡単なサンドイッチ、乳製品、フルーツなどを何回も食べます。きっちり3食分けるのではなく、ちょこっとずつ、ずっと食べている感じ。

　また、食事にそれほど手をかけません。料理するにしても簡単なもの、あるいは既製品をチンして食べることもごく普通。共働きが多い上に、会社を17時には出て趣味を楽しみ、プライベートの時間を大事にする国民性が、食生活をシンプルなものにしているようです。

　私たちにはちょっと味気ないフィンランドの食事情ですが、もちろんおいしいものもたくさんあります。私のお気に入りのひとつが、家庭料理の「カリフラワーのチーズスープ」。友人のお母さんから直々に作り方を教えてもらったもので、寒い日にぴったり。まず、野菜類をにんにくで炒め、ブイヨンで煮込みます。そして溶けるチーズ「KOSKENLASKIJA」を入れれば出来上がり。カリフラワーがほろほろと崩れ、にんにくとこくのあるチーズの風味が口の中いっぱいに広がります。

　秋になると出回るキノコ「カンタレッリ」も、家庭料理で好まれる素材。これをバターと玉葱で炒め、クリームを加えてソースにします。ゆでたじゃがいもに添えて食べるのが最高です。味付けは塩だけですが、キノコの香りが豊かなのでそれだけで充分。ソースにきのこの色

小麦粉 Kruunu（上）
(Ravintoraisio社、€ 0.99)
テーブルパン用小麦粉 SUNNUNTAI（中）
(Ravintoraisio社、€ 1.5)
塩 MERISUOLAA（下）
(Tuko Logistics社、€ 0.66)

が移って黄金色になり、食欲をそそります。

　屋台の味も忘れてはいけません。ヘルシンキ観光名所のマーケット広場を始め、屋台の食べ物で外せないのが「ムイック」。マスの一種ですが、粉をはたいて多めのバターで揚げ焼きのようにします。小さい魚なので頭から食べられ、バターの塩味でビールにもぴったり。紙皿に山盛りになったものを、モリモリ食べます。そして夏の屋台の名物といえば、さやから出してそのまま食べるグリーンピース。甘くてみずみずしくて、少し苦みもあります。食べ始めると止まらなくなる、クセになる味。

　料理には手をかけないフィンランド人ですが、甘いものは特別です。コーヒーのお供に欠かせない菓子パンやケーキなどは手作りすることも多く、スーパーの粉ものコーナーはとても充実しています。私が好きなのは「コルヴァプースティ」。カフェのメニューにもよくあるフィンランド版シナモンロールです。パン生地ベースのあっさり味で、フィンランドの菓子パン全体の特徴でもあるカルダモン入り。コーヒーとの相性もぴったりです！

　このカルダモンは、ケーキにも欠かせない香辛料。同僚が教えてくれた「カルダモン、シナモン、こけももジャム入りのスパイスケーキ」は、これまたお気に入りレシピとなりました。

　フィンランドの味、あまり凝ったものはないけれど、どれも素朴でほっとするものばかり。まだまだお気に入りが増えていきそうです。

ベーキングパウダー LEIVIN JAUHE（上）
(McCORMICK 社、€ 0.98)
グルテン代替品　Ksantaani（中）
(Farina 社、€ 2.95)
コルヴァプースティ Korvapuusti（下1）
カルダモン入りの
ラスキアイスプッラ Laskiaispulla（下2）

街の真ん中にも、カモメがたくさんいる（ヘルシンキ）

2

BODY CARE
ボディケア・グッズ
MEDICINES
クスリ、健康食品
COSMETICS
化粧品
COMMODITIES
キッチン用品、日用品
他、いろいろ

薬用キシリトールドロップ medident（左）
キシリトール 93% のドロップ。味は歯磨き粉そのもの。
(Medident laboratories 社、€1.51)
キシリトール歯磨き粉 medident（右）
かすかに薬っぽい香りがして、普通のものより効きそう。
(Medident laboratories 社、€3.2)

風邪薬 TREO
発泡タブレットを水に溶かして飲むタイプ。風邪のひきはじめに。
(Pharmacia 社、€3.9)

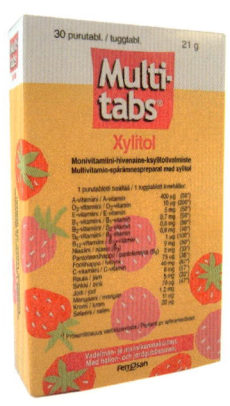

ビタミン剤
Multi-tabs（左）
イチゴ・ラズベリー味で、甘酸っぱいマルチビタミン。
(Ferrosan 社、€4.1)

絆創膏
KANGAS-LAASTARI（右）
伸縮性のある布素材で、ぴたっとフィット！
(Ruokakesko 社、€1.49)

歯磨き粉
XYLITOL hammastahna
「強い歯、爽やかな息」が、キャッチフレーズです。
（Ruokakesko 社、€ 0.81）

アイメイクリムーバー
ViVAL
クレンジングオイルがしみ込んだ丸型コットン 100 枚入り。
（VALKOINEN RISTI 社、€ 5.25）

痛み止めジェル
ICE POWER
液状になった湿布薬。自然治癒力まで高めてくれるという優れもの。
（Fysioline 社、€ 1.6）

キシリトールガム
PIKKU KAKKOSEN TÄYSKSYLITOLI PURKKA（上・下）
子供向けテレビ番組「PIKKU KAKKONEN」のマークが入ったガム。裏面（下）のリアルなピエロも、番組の人気キャラクター。パッケージには「PIKKU KAKKONEN と歯医者さんがおすすめする……」とあります。
（Fennobon 社、€ 0.8）

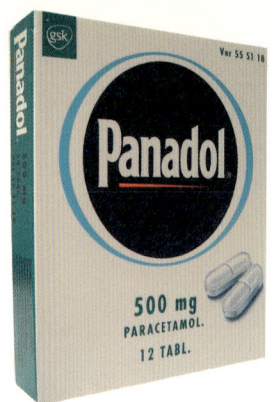
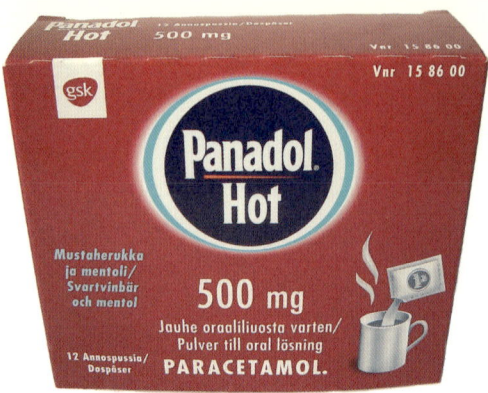

風邪薬
Panadol
どちらも処方せんなしで買える。右はお湯に溶かして飲む顆粒タイプでメンソールとベリーの味。
(GlaxoSmithKlin 社、左 €3、右 €5.27)

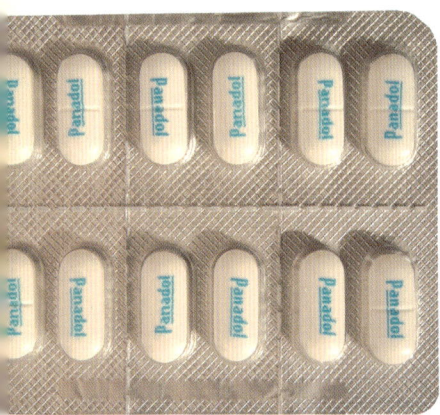

頭痛薬
ibuxin
勤務先の薬箱にも常備されている、メジャーな銘柄。
(Merckle 社、€2.93)

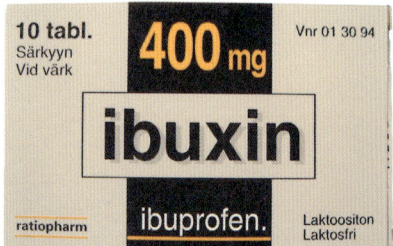

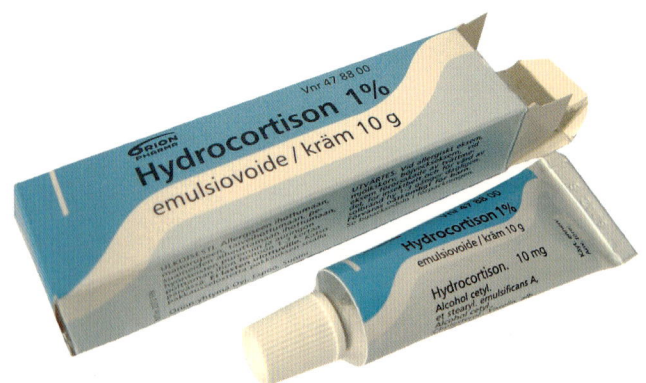

保湿クリーム
Hydrocortison 1%
乾燥による湿疹のかゆみを救ってくれたクリーム。爽やかなパッケージでかゆみも半減した気分に。
(Orion-yhtymä 社、€2.81)

薬局限定のガム（左）、いちごグミ（右）
Apteekkarin Raikas purukumi、Apteekkarin Pehmeä Mansikkapastilli
薬局でしか買えないこのシリーズは、昔の薬剤師さんの絵柄が目印……といっても中身は普通です。
(Oriola 社、左 € 2.93、右 € 1.89)

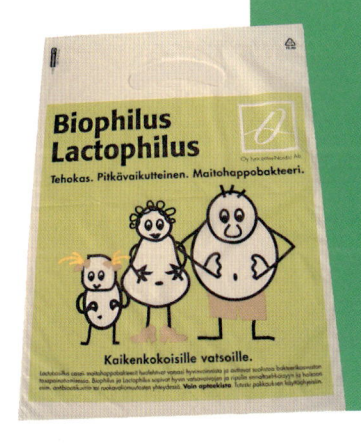

薬局だけで経験できること

愛想をふりまくようなことはしたがらない国民性のせいか、お店で笑顔、丁寧、細やか……といったサービスはあまり見られず、非常にさっぱりした対応です。ただ、薬局だけは例外。必ず「なにかお探しですか？」と声をかけてもらえるのです。これは薬局のみでの経験。相談しやすいのはうれしいのですが、なんとなく立ち寄った時は逆に緊張してしまいます。

薬局でくれる袋
絵は乳酸菌の薬の広告、「すべてのサイズのお腹に」とあります。

ボディクリーム
Aqualan L
無香料でほどよい固さ、とても使いやすいクリーム。敏感肌の人のメイク落としにも使えます。
(Orion-yhtymä 社、€ 2.5)

パッケージの控えめな丸いドットもおしゃれな、しっとりボディソープ。

ボディソープ
Linna
（NOIRO 社、€1.93）

ハンドクリーム
erioil
少なくなってきたら逆さまにしても OK なデザイン。中身はとろとろ、でもすぐに手になじむのでお気に入り。
（NOIRO 社、€2.7）

ボディソープ
erisan
敏感肌用で優しい使い心地。すりガラスのような質感のボトルが爽やか。
（NOIRO 社、€3.2）

サウナストーブの上に置かれた石に水をかけると、「ジュッ」という音とともに蒸気があがり、サウナの温度・湿度が上昇。ほどよい湿気のおかげで息苦しくならずにサウナを楽しめます。このアロマを水に混ぜれば、香りが広がってさらにリラックス。

サウナ用アロマ（白樺の香り）
Löylytuoksu
（Emendo 社、€ 3.9）

小麦胚芽シャンプー
alkuperäinen vehnänalkioöljy shampoo
胚芽オイル配合のシャンプーは、懐かしいシッカロールの香り。薄めて使用。
（American Chemicals 社、€ 3.05）

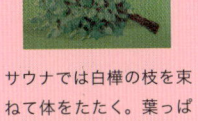

サウナでは白樺の枝を束ねて体をたたく。葉っぱからは日なたのにおいが。

サウナはちみつ
SAUNAHUNAJA
はちみつ好きなフィンランド人、サウナの中では体に塗ってパックがわりに。あたたまった後ですぐと、しっとりお肌に。
（Emendo 社、€ 4.9）

サウナ石けん
Sunlight
中身は白樺を思わせるグリーンの石けん。もちろんサウナ以外でも使用できます。
（Elida Faberge 社、€ 1.8）

石けん
Saippua
こけもも（左）、リンゴ（中）の石けんはおいしそうな香り。タール（右）は鼻がつんとするほど刺激的な香り！
（Vaasan Aito Saippua 社、€3）

はちみつ石けん
Hunajasaippua
はちみつそのものの香りでリラックス。
（Import Juha Kaira 社、€3）

サウナ用マット
ISTUINALUSTA
公共サウナなどに入る際、衛生面からお尻の下に敷くマット。たいてい紙製の使い捨てシートも置いてありますが、このお尻型マイマットも捨てがたい。
(Natura社、4枚セット€2)

シャンプー、リンス
ERITTÄIN HIENO SUOMALAINEN
1975年から続く定番シリーズは、「とっても素晴らしいフィンランドのシャンプー」というストレートなネーミング。
(CEDERROTH社、€2)

保存容器用シール
Hetiketti
食品を冷凍保存する時に、日にちや中身を書き込んで使うシール。裏の説明書きにはそれぞれの保存期間の目安も（ベリー：10～12か月など）。私はジャムの瓶にも使用中。ノートに貼ったりしてもかわいい。
(LINDEL社、€0.9)

ティッシュ＆トイレットペーパー
Lambi（右上）
ティッシュはスリムですっきり。トイレットペーパーは紙自体にも羊の模様入り。
(Metsä Tissue社、ティッシュ€0.25、トイレットペーパー€2.9)

SERLA（右下）
しっぽの大きいリスが目印。ティッシュは日本のものより固めでしっかりしています。
(Metsä Tissue社、ティッシュ€0.85、トイレットペーパー€2.35)

湯あかとり KALKINPOISTAJA（左）
コーヒーメーカーなどにたまる湯あか
（石灰分）を取り除く液体。
(NOIRO 社、€ 2.28)

トイレ用洗剤 WC PUHDISTAJA（右）
これ１本でトイレのすべてをきれい
にできる洗剤。消臭効果もあり。
(Kiilto Clean 社、€ 4.25)

お芋をきれいに！

この毛の生えた宇宙船のようなかたちの道具は、じゃがいも用ブラシ。「私の体はじゃがいもでできている」というフィンランド人の友達もいるほど、主食としてたくさん食べられています。しかも、栄養素を保つために皮をむかずに調理することが多いのです。そこで、泥をきれいに落とすためにこのブラシが登場。カーブが手になじみ、芽をとるためのパーツもついていてとても使いやすい！ お芋な国ならではの道具です。

じゃがいもブラシ
Juuresharja plus
（SINI 社、€3.5）

アルミホイル
Kotifolio
にっこりエスキモー印のアルミホイルはフィンランド人の好物、ベイクドポテトに欠かせません。
(Euracon 社、€ 1.5)

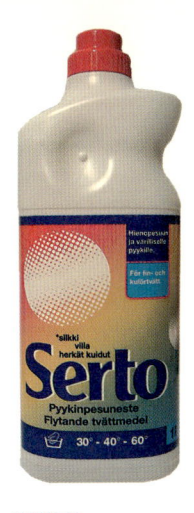

洗濯洗剤
Serto
似たようなデザインが多い洗剤ボトルの中で、これは彩りがきれいで目立ちます。
(NOIRO 社、€ 3.55)

ワックスペーパー
Tex Mex wrap-paperitasku
サンドイッチのお弁当にぴったりのワックスペーパー。フィンランド人のメキシコ料理に対するイメージがそのまま表現されている感じ。
(Kesko 社、€ 1.99)

グリル用温度計
PAISTI-LÄMPÖMITTARI
塊肉をオーブンで焼く時に。お肉に針先を刺して温度をチェック。動物のシルエットで適温がわかるので便利！
(SUOMEN LÄMPÖMITTARI 社、€6.9)

ころころ氷がすぐできる！

ぶどうの房のような半球がついた道具、実はとっても便利な製氷器なのです。ボトルを立てたまま水を4分の1くらいまで入れ、ふたをして寝かせ冷凍庫へ。凍ったらぽんぽんとたたいて中の氷をはずし、ふたをあければドーム型のキュートな氷のお出ましです。手軽に変わった形の氷ができて楽しい。

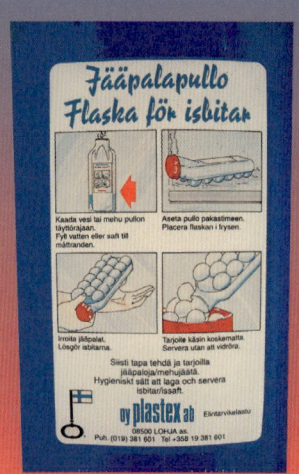

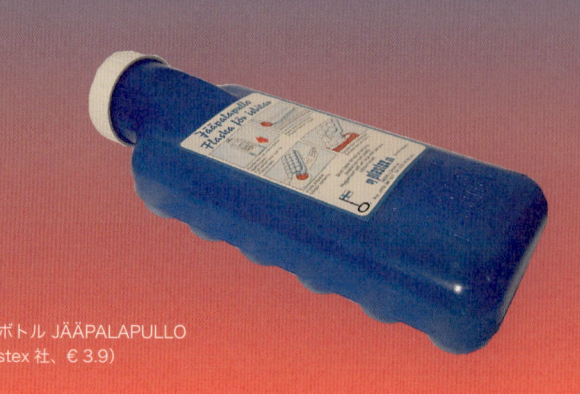

製氷ボトル JÄÄPALAPULLO
(plastex 社、€3.9)

マグネット
定番レシピ付きのマグネット。サングリア（上）と菓子パン生地（下）の分量はこれを見ればすぐにわかります。
(iittala 社、€ 2.9)

電池
func
(Tuko Logistics 社、€ 2.5)

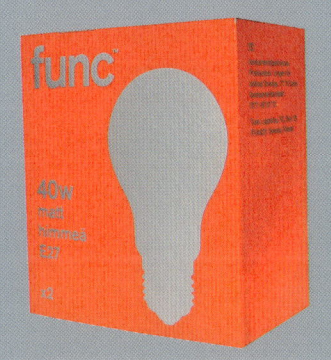

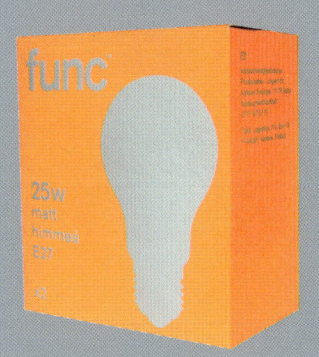

電球
func
下から２５、４０、６０とワット数が高くなるほど箱の色も濃くなっていく。電球のシルエットもクール。
(Tuko Logistics 社、€ 0.99)

イースターの卵とマンミのこと

　春の訪れを告げるイースター（復活祭）は、クリスマスや夏至祭と並ぶ伝統的な祝祭日。子供たちが魔女に扮し、柳の若枝を持って家々を回ったり、地域によっては湖畔や海辺でかがり火を焚いたりします。祝日なので、会社も学校も店もお休み。私がフィンランドにやってきて最初の祝日が、ちょうどイースターでした。ほとんどのお店が閉まってしまい、何をしていいのやらよくわからない状態で、初めてのイースター休暇を迎えたのです。
　そんな状態を察してか、フィンランド人の友人が動物園に誘ってくれました。ひととおり見た後、休憩しようと言って彼が取り出したのが卵のかたちのチョコレート。「イースター・エッグ」という言葉は知っていましたが、実物を見るのは初めて。しかも、本物の卵の殻の中に、チョコレートが詰まっているではないですか。ナッツの風味がするまろやかな味。チョコのおいしさと、どうやって作るのだろう？という話でその場は盛り上がりました。
　Fazer 社のこのチョコレートは、なんと 1869 年から続く商品。毎年、クリスマス明けからイースターまでに２００万個以上も作られるそう。こわれやすく繊細なもののため、ほとんど手作業とのこと。それを思いながら、

イースターチョコ
mignon
卵がしっかり固定される箱もグッド。あけるとイースター・エッグの歴史やペイント例が。
（FAZER 社、€ 1.5）

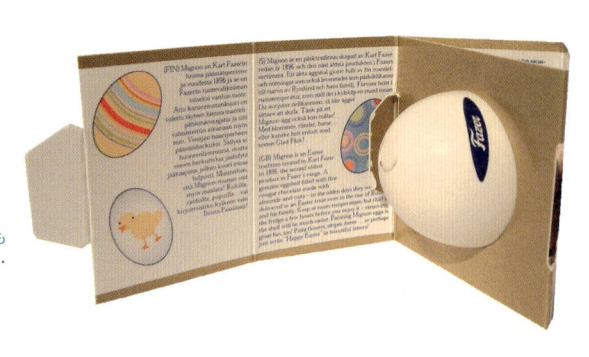

スーパーの棚がこの卵で埋め尽くされているのを見ると気が遠くなります。いつも買ったらすぐ食べてしまうのですが、今度こそイースター・エッグらしくペイントして飾らなくては……。

　イースター・エッグの他には、小さなお皿に芝生を育てて、その上にひよこやうさぎなどを置くのも復活祭の風習です。また、イースターの食べ物で忘れてはならないのが「マンミ」。ライ麦の麦芽から作られる不思議な食べ物で、炭のように黒く、つやがあります。舌触りはもちもち、なめらかで、味はライ麦パンの酸味と香りがぎゅっと凝縮された感じ。クリームとお砂糖をかけ、イースターの期間中、食後のデザートとしていただきます。

　マンミはもともとフィンランド南西部の食べ物だったのですが、1917年の独立時に自分たちの国のオリジナリティを見直す気運が高まり、伝統的で他にないものとして再認識されたとのこと。フィンランド人の愛国心がつまった食べ物なんですね。

　見た目のインパクトを除けば、ヘルシー・デザートとしてもなかなか。この時期、チョコと同じようにスーパーにはマンミの箱が積み重なり、その一角だけ黒い森のようになるのも、フィンランドならではの"景観"です。

飾り用芝生の種 Rairuohon siemeniä（上）
（Toypap-Import 社、€ 0.65）
飾り用ミニひよこ（中）
（Toypap-Import 社、€ 1.45）
マンミ MÄMMIÄ（下）
（Järvi Sumen Portti 社、€ 1.7）

郵便局の配達車は、オレンジ&ブルーの○が目印。

3

STATIONERY
文房具
POSTAL GOODS
切手、絵はがき
MATCHES & CANDLES
マッチ、ロウソク
SOUVENIRS
おみやげ
他、いろいろ

ノート
marimekko
布ばりのハードカバーでさらっとした手触りが気持ちいい。中身は白の無地。
(marimekko 社、€ 3.5)

ノート
Vihko
ホッチキス留めでシンプルな作り。紙も薄いので手軽に持ち歩けます。
(Paperipiste 社、€ 0.9)

ノート
sisko
Ivana Helsinki によるデザインは、文房具コーナーでもひときわ目立つ。厚みたっぷりあるノートは日記帳に最適。
（Geepap 社、€5.9）

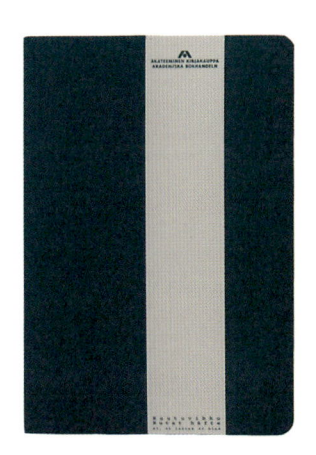

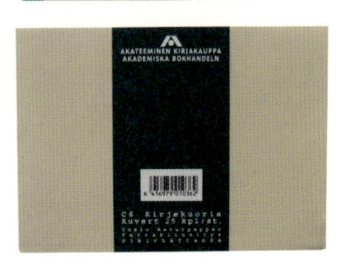

ノート
Ruutuvihko（左）、Avolehtiö（上）、Kirjekuoria（下）
アカデミア書店オリジナル。店のテーマカラーである白と緑が目印。さまざまなサイズのノートやレターセットなどが揃っています。
（ノート€0.8、左 / メモパッド€0.6、上 / 封筒€1.5、下）

marimekko ノート
見なれたテキスタイルの柄から、部分を抜き出したデザイン。A4・紙製でバインダーに閉じることができます。
(SMEAD PAPERISTO 社、€ 2.5)

marimekko ノート
marimekko の定番 unikko 柄に、落ち着いたカラーが登場。A5 サイズで裏表紙まで全面に模様入り。
(marimekko 社、€ 1.5)

marimekko カレンダー
マリメッコの原点、マイヤ・イソラのデザインが四季を演出してくれます。10月（上）、2月（左）、表紙（下）。こちらではマイヤ・イソラ展も開かれ、ますます評価も高まっています。
（Ajasto Osakeyhtiö 社、€13）

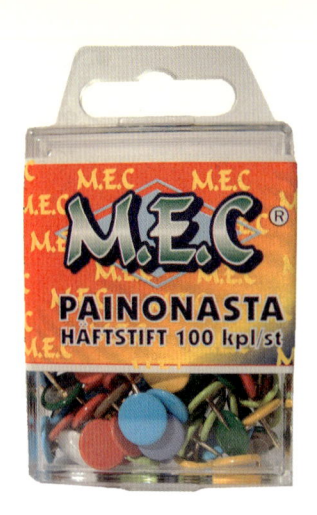

画鋲
M.E.C
頭の部分が平べったくてちょっと外しにくいのが難点。でも9色も入っていて楽しいので許せます。
(MAKE-TRADE 社、€1.6)

スティックのり
PAPERILIIMAPUIKKO
一見リップクリーム風。文房具らしからぬ爽やかさが良いです。
(tiimari 社、€1.2)

ミニメモパッド
Avolehtiö
1ページずつ切り取れるメモパッド。手のひらにすっぽり収まるサイズで、スーパーのお買い物リストや覚え書きに大活躍。
(Paperipiste 社、€0.5)

おりたたみ携帯はさみ
グイッ、グイッとたたむと握りこぶしの中に隠れる大きさに。きちんと刃先がカバーされるよう設計されています。小さなリングはキーホルダーとして使うためのもの。
(FISKARS 社、€ 5.9)

左利き用はさみ
楽しい雰囲気の子供用はさみ。文房具コーナーでは右利き用と同じように売られています。FISKARS 社はフィンランドを代表する刃物メーカー。
(FISKARS 社、€ 8)

57

切手
上：切手表面に凹凸がつけられ、しかも起毛素材。ムーミンがふわふわなイメージに。
左：暦導入３００年を記念した切手。
（郵便局 / 以下、同、€ 0.65/ 枚）

サンタの消印
ロヴァニエミ市にあるサンタ村の郵便局から投函すると、こんな消印でやってくる。

切手
EUROPA シリーズ
年間テーマに沿って欧州各国でデザインされるシリーズ。今年のテーマは美食で、フィンランドからはトナカイと雷鳥の料理。
（€ 6.5）

キャンディも売っている郵便局

フィンランドの郵便局は、国営の株式会社。ブルーとオレンジのカラーで統一され、明るいイメージです。中央郵便局内にある博物館のミュージアム・ショップでは、お菓子メーカー Fazer と提携したお土産品があったり、自分の手紙（封筒）を持ち込むと、壁掛け時計を作ってくれるサービスも。ショップ前には小さなカフェがあり、お手頃なランチがおすすめ。また、２階はヘルシンキ市の図書館にも直結……と、特に用がなくても気軽に立ち寄れる場所です。

袋入りキャンディ
チョコ入りミントキャンディが詰まっている。(€ 3.9)

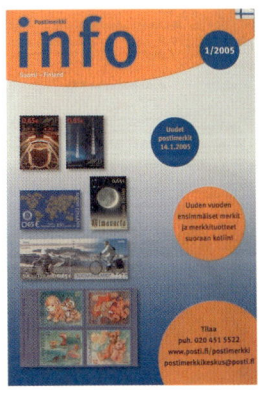

ブックレット式切手
新聞にも毎日連載されている３コマ漫画、Viivi & Wagner の切手。シールタイプ。
(€ 3.9)

切手情報誌（左）『info』
どんな切手がいつ発売されるかはこれで確認。オーダー表付き。(無料)
アンケート用紙　（右）
Anna palautetta!
博物館へのご意見シート。満足度を表す女性の顔に注目！

配送箱
こんな箱で荷物が届くなんてうれしい！（€ 1.2）

紙袋
受け取る荷物が大きいともらえます。

絵はがき
イラストを描いている Martta Wendelin
(1893-1986) は、フィンランドの日々の
暮らしや田園風景などの作風で知られる国
民的アーティスト。
(郵便局、€1)

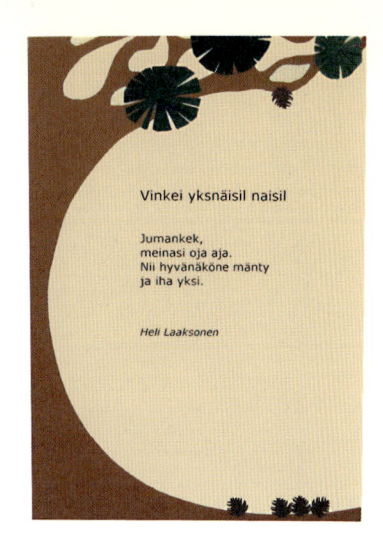

ポエム入り絵はがき
Heli Laaksonen（1972-）は人気の女性詩人。フィンランド南西部の都市 Laitila に住み、方言をそのまま用いたポエムやコラムを書くことでその大切さを主張している。(郵便局、€1.1)

はがき袋
郵便博物館のショップではがきなどを買うと、こんな袋に入れてくれる。ちなみに袋には、「郵便博物館に行けば、あなたもハッピーに！」とある。こんな袋がもらえるだけでたしかにハッピー。
（郵便博物館）

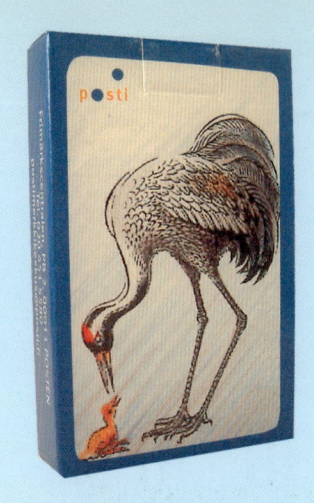

トランプ
郵便局オリジナル・トランプは、鳥の切手柄。フィンランド人の鳥好きな国民性がうかがえます。
(郵便局オリジナル、€3.9)

62

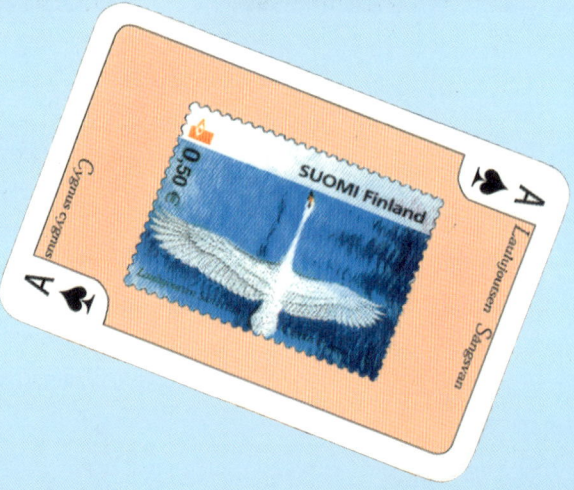

クリスマスカード
絵の下には「幸せな新年を」とフィンランド語で印刷され、その下に差出人のサインが。
（アンティークショップにて。€3）

お土産マッチ
メジャーなマッチ、SAMPO ブランドの特別バージョンで、ストックマンのお土産品コーナーで購入。右頁も同様。サンタバージョン（下）のみ長いマッチ入りの大きい箱。
（Swedish Match 社、大 €3.5、小 €1.1）

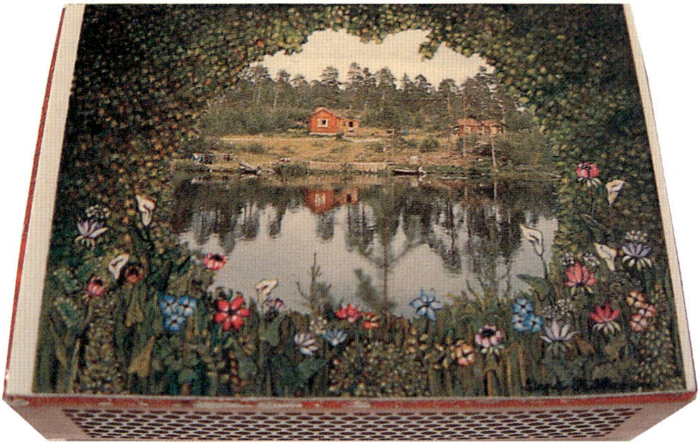

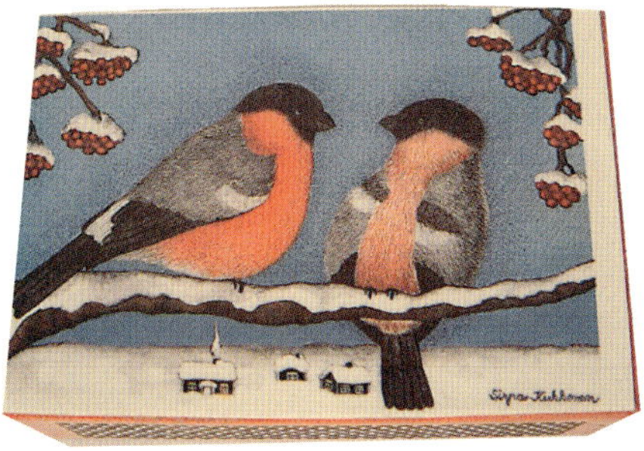

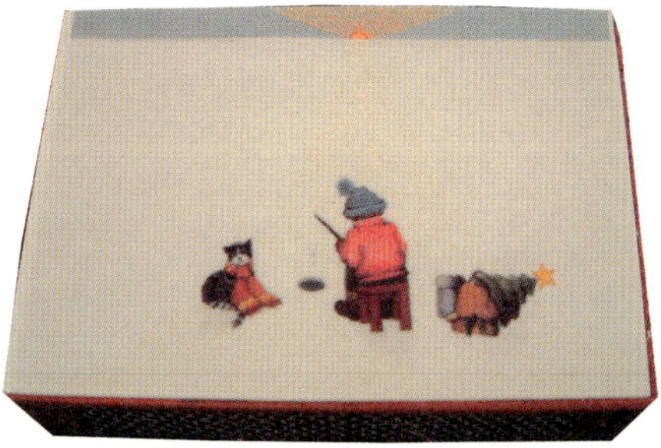

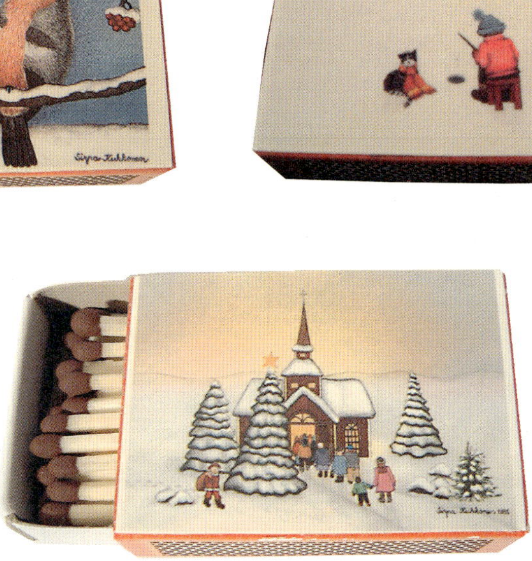

ろうそくセット
Villava
ろうそく立てには松の木を使用。木目の優しさが、ろうそくの炎をやわらかく見せます。
(aarikka 社、€ 19.9)

まんまるろうそく
Pallokynttilä
上のろうそく立てのスペアでも使える。並べて飾るのもかわいい。
(Finnmari 社、6 個入り € 5.9)

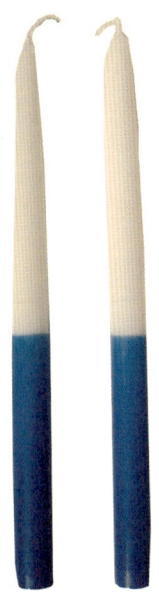

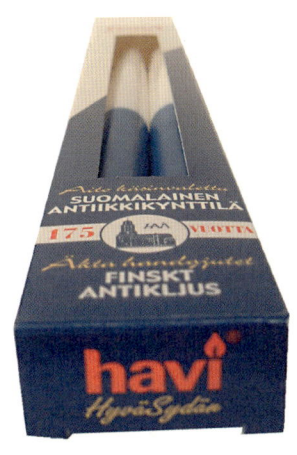

国旗色のろうそく
SUOMALAINEN ANTIIKKIKYNTTILÄ
（Suomen Kerta 社、€2）

棒ろうそく
KRUUNUKYNTTILÖITÄ
Havi ブランドは、透明で大きな炎と長い燃焼時間が特長。
（Suomen Kerta 社、€2）

１２月６日に立てるろうそく

１２月６日の独立記念日には、各家庭でフィンランド・カラーのろうそくが灯されます。ちなみにこの日は、大統領官邸で行われるパーティの様子をテレビで見るのがお決まり。出席者のファッション・チェックや同伴者の話題が、その後１週間ほど新聞をにぎわせます。

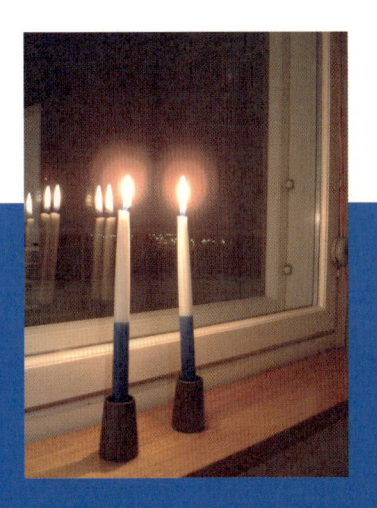

ヘラジカぬいぐるみ
タオル地のヘラジカは、くたくたで心地よい感触。ヘラジカのぬいぐるみは数あれど、これが一番のおすすめです。
(TEDDYKOMPANIET 社、€ 8.5)

ピンブローチ
Wood Jewel
手作業で仕上げられた3センチ四方のアート。約100種類のデザインから選べます。
(Wood Jewel 社、€ 7.9)

ヘラジカリング
Hirvi Renkaat
のんびりムードのヘラジカは、ナプキンリングに。
(aarikka 社、€ 6.9)

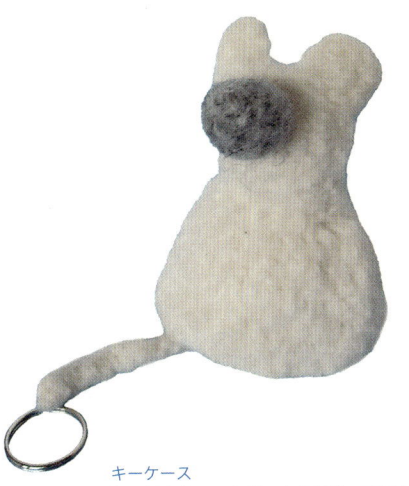

キーケース
しっぽと中でつながった鼻を引っ張ると、リングにつけた鍵がおなかに入っていく仕組み。もこもこした手触りが気持ちいい。
(Mirianne 社、€7)

キーホルダー
ラップランド地方のブーツがモチーフ。本物と同じように、ミニチュアでもトナカイの毛が使われています。
(T:mi Erkki Juopperi 社、€2.9)

ガラガラ
フェルトのガラガラは、軽くてやわらかくて赤ちゃんにも安心。飾っておくだけでも、部屋が暖かい雰囲気に。
(pässinpökkimä 社、€8.25)

海の向こうのラトビアへ

　私の暮らしているヘルシンキ近郊から、晴れた日には海の向こうの国、エストニアが見えることがあります。このエストニアのお隣がラトビアです。日本ではあまりなじみのない国ですが、フィンランド人にとっては2、3泊程度の気軽な旅行先として人気があります。

　首都リガは「バルト海のパリ」とも呼ばれ、美しい旧市街が有名。またフィンランドに比べて物価が安いので買い物スポットとしても楽しめます。

　私が初めてラトビアを旅したのは、ヘルシンキ発3泊4日で1人約2万円というお得なパックツアーでした。まず大型客船でエストニアまで行き、そこから片道5時間かけてバスで国境を越え、リガに向かうというちょっとハードなスケジュール。それでも、ツアー客にはフィンランド人のお年寄りも多く、タフな国民性を改めて実感しました。

　さて、リガに向かう途中、ラトビアの小さな村で休憩タイムがあったので、青空市場を覗きました。そこで出会ったのがこの「はちみつ（写真下）」です。はちみつは、ラトビアの名産品。店のおばあさんに「プリーズ、プリーズ」と言われ、つい購入してしまったのです。でも、後から考えると、リガで買うよりもずっと安く、またかわ

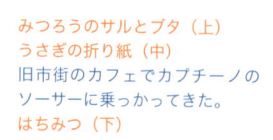

みつろうのサルとブタ（上）
うさぎの折り紙（中）
旧市街のカフェでカプチーノの
ソーサーに乗っかってきた。
はちみつ（下）

いいラベル付きなので、買っておいて正解！でした。

　リガは旧市街の景観が素敵です。くねくねと迷路のような石畳の道、重厚な建物、あちこちに突き出た教会の塔——中世から続く歴史の重みが感じられます。ちなみに現在のヘルシンキの街並みは、19世紀になってから整えられたので、きれいな街なのですが、古都の趣は残念ながらありません。

　さて、そんなリガの美しい旧市街の周りは、店も多くとてもにぎわっています。ところが、そこから大きな道路を隔てた所にある市場へ向かうと、がらりと雰囲気が変わります。混雑はしているけれど、人々の動きがゆったりしていて、不気味なほど物静か……。ちょっと勇気を出して、大戦中の飛行船倉庫を利用した巨大な屋内市場に入ったのですが、そこでとぼけた顔の「ブタとサルのろうそく」を発見（左頁上）！ これでようやくほっとして、買い物を楽しめる気分になってきました。

　ラトビアはさまざまな国に支配された歴史を持ち、最終的に当時のソ連から1991年に独立したばかり。街なかに立つ独立記念碑が、青空に突き刺さるようで心に残りました。

　近くて遠い国、ラトビア。ヘルシンキに戻ってくると、時間や風景が奇妙にねじれているような海の向こうへまた行ってみたい、という気持ちが湧いてくるのです。

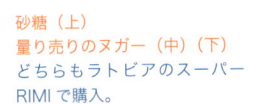

砂糖（上）
量り売りのヌガー（中）（下）
どちらもラトビアのスーパー
RIMIで購入。

エストニアの首都タリンからヘルシンキへ帰る船の上で

4

BROCHURES
パンフレット、チケット
ADVERTISEMENTS
広告
USED BOOKS
古本
SIGNS
標識、看板
他、いろいろ

テレビ使用の申請書（左）
転居の通知書（右）
テレビ料金請求の手紙（上）
テレビは基本的に5チャンネル、フィンランド語の字幕をつけて放送されるアメリカのリアリティショーやバラエティ番組が人気です。

カルチャー・カレンダー
kultt
ヘルシンキ市文化局主催のイベント・ガイド。
世界各国の音楽、舞台、映画などを紹介する
イベント企画が多い。
（無料配布）

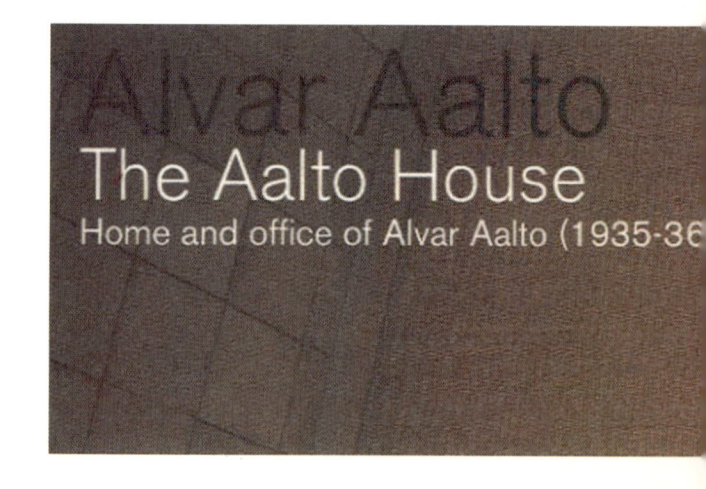

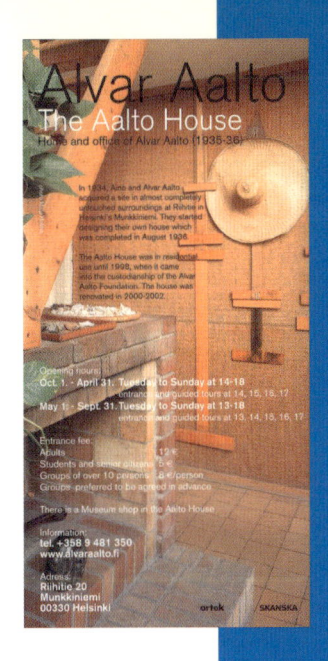

アアルトの秘密の空間

ヘルシンキ市内にあるアアルトの邸宅。財団の方の説明を聞きながら、2階建ての一軒家をじっくりと見学できます。アアルトのお気に入りの建物がよく見える場所に仕事机があったり、秘密の空間への階段があったり……。この秘密の場所へは入れませんが、アアルトのとっておきスペースだったに違いありません。
リーフレット（上）、チケット（下）€15

電気会社の広告はがき
「どんな請求書がお好み？安いもの、それとも高いもの？」――電気会社がいくつかあるので競争なのです。
(Helsingin Energia 社、無料)

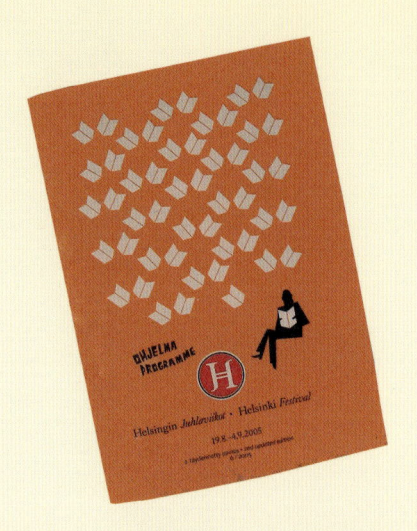

ヘルシンキ・フェスティバルのパンフレット
毎年8月最後に行われるイベントは、夏の終わりを告げる風物詩。
(Helsinki Festival 事務局、無料)

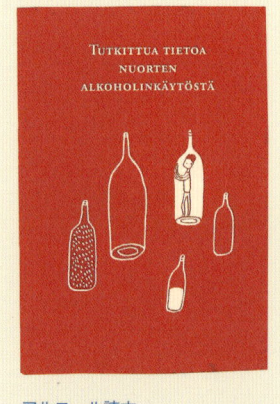

アルコール読本
妊娠中の飲酒（左）、若者の飲酒（上）、飲酒運転（右）の怖さを伝える。アルコール専門店が制作し、店頭で配布。
(Alko 社、無料)

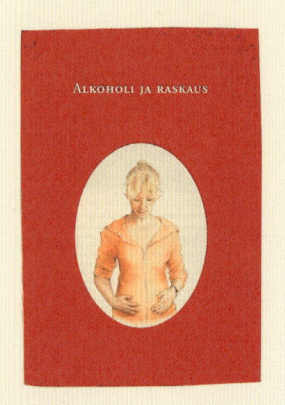

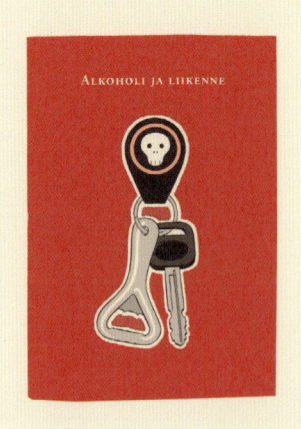

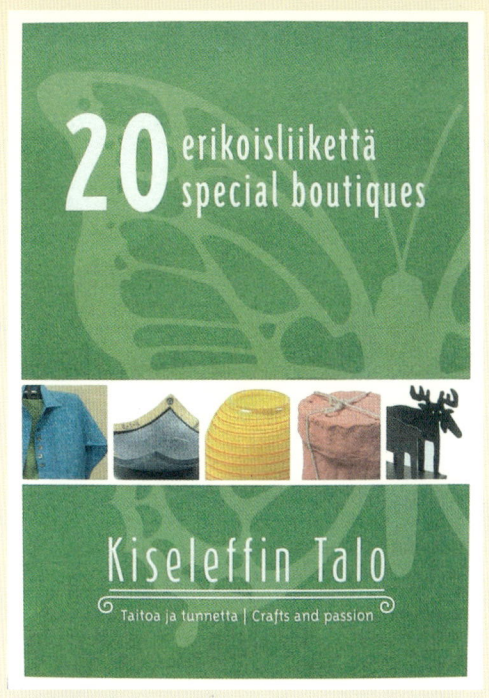

ショップカード
Kiseleffin Talo は、ハンドクラフト専門店。
（Kiseleffin Talo、無料）

ヘルシンキお散歩マップ
公園や森など、自然を楽しめるコースを掲載。ツーリスト・インフォメーションで入手できる。
（ECOmass プロジェクト、無料）

本のしおり
「教科書は当店でお求めを」というメッセージ入り。
（AKATEEMINEN KIRJAKAUPPA、無料）

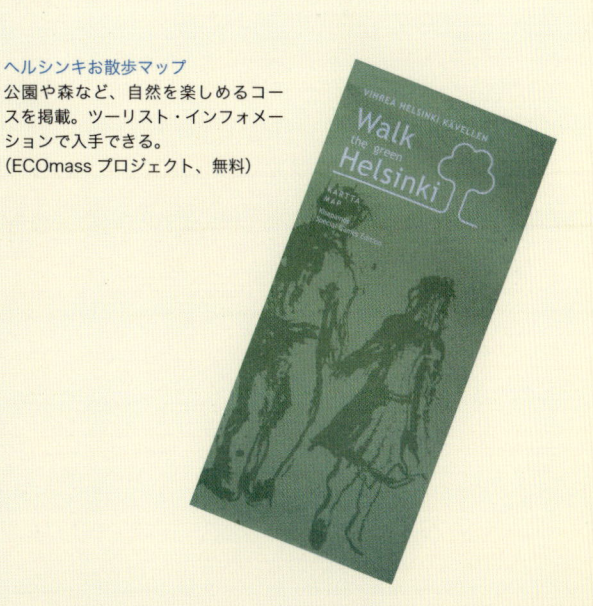

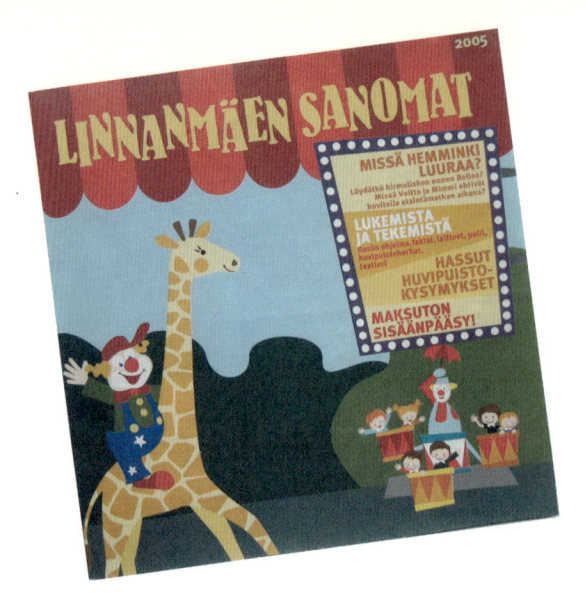

遊園地のオリジナル新聞
LINNANMÄEN SANOMAT
ヘルシンキにある遊園地、リンナンマキは
こじんまりとしていて懐かしい雰囲気。
(Linnanmäen huvipuisto、無料)

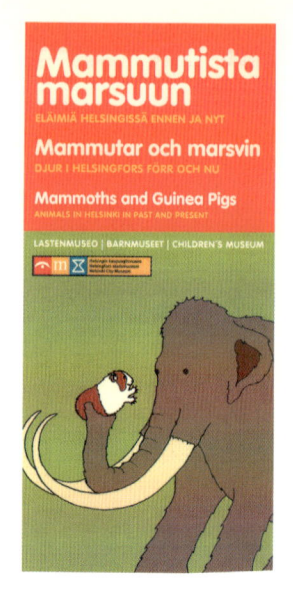

子供博物館のパンフレット
Mammutista marsuun
ヘルシンキ市立子供博物館は、実際
に触ったり遊んだりできる展示が
いっぱい。
(LASTENMUSEO、無料)

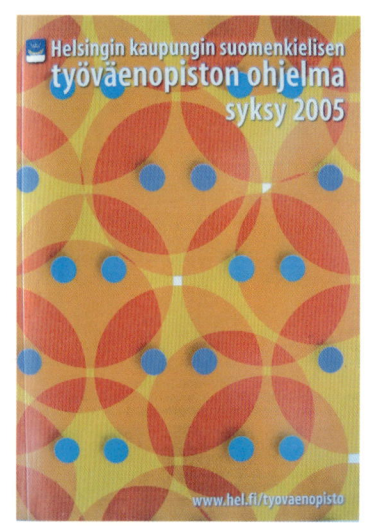

ヘルシンキ市成人学校のパンフレット
työväenopiston ohjelma
公立のカルチャーセンターのような感じ。
幅広い分野のクラスが用意されています。
(Helsingin kaupungin suomenkielinen
työväenopisto、無料)

ヘルシンキと近郊の美術館ガイド
HELSINGIN SEUDUN MUSEOT
８０以上のスポットを分野別に紹介。雨や
雪の日の観光の強い味方。
(Helsinki Expert、無料)

ギャラリーの告知カード
GALLERIA HUUTO
Galleria Huuto は、若いアーティスト育成に力を入れています。
（Galleria Huuto、無料）

ヘルシンキ・イベント案内
Kesä Helsinki 2005
ヘルシンキの夏の催しなどが掲載されている小冊子。ツーリスト・インフォメーションで入手できます。
（Helsingin kaupunki、無料）

ベリージュースの広告
ProViva
スウェーデンのベリージュースは、こちらでも人気。
（Skånemejerier 社）

保湿ジェルの広告
Hydrolan
お風呂上がりにすぐ使うと効果的。薬局でしか買えません。
（ORION PHARMA 社）

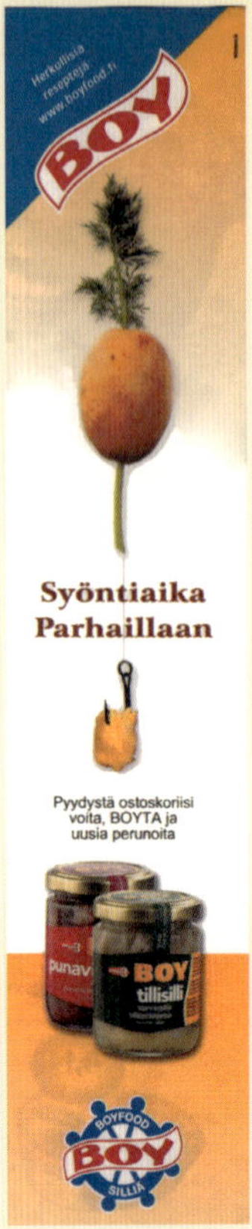

瓶詰めニシンの広告
BOY
酢漬けにしんと言えばこの会社。さまざまなバリエーションの瓶がスーパーに並ぶ様子は圧巻。
（Boyfood 社）

ショッピングセンターの広告（右頁・左）
イタケスクスはヘルシンキ中央駅から地下鉄で14分のところにある、駅直結・屋根付きの一大ショッピングセンター。
（Itäkeskus 社）

銀行の広告（右頁・右）
この人形、色々な国の衣装で広告に登場します。銀行とは思えないカジュアルさ！
（Sampo 社）

肥料メーカーの広告
植物を育てるのが大好きなフィンランド人。ガーデニングをすすめる広告。
（KEMIRA Grow How 社）

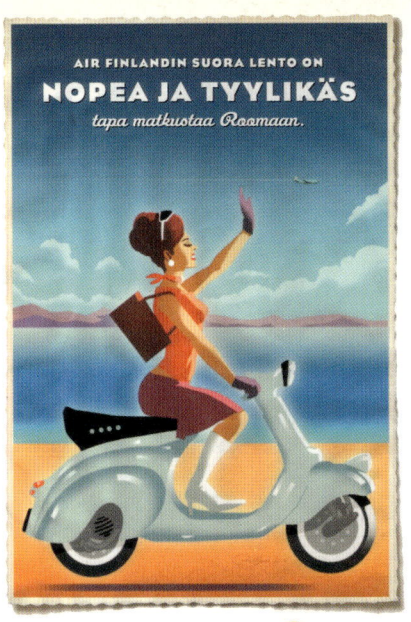

航空会社の広告
レトロな雰囲気で楽しませてくれるシリーズ広告。フィンランド
で人気のある行き先のみに絞ることで運賃もおさえています。
（Air Finland 社）

81

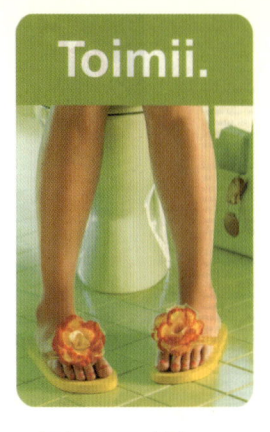

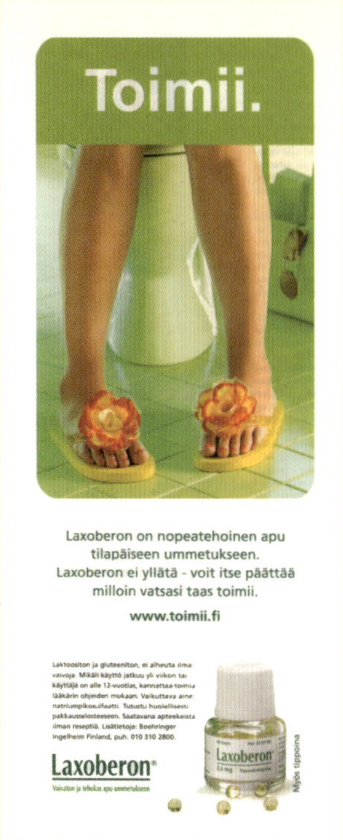

左：ラップ、ホイル、保存容器などの広告
ESKIMO、Elmu
フィンランドではお馴染みの商品。
(Euracon 社)

右：便秘薬の広告
Laxoberon
「効きます」という明快なコピー。
(Boehringer Ingelheim Finland 社)

整腸剤の広告
Gefilus
カプセル状の乳酸菌。同ブランドでヨーグルトなどの乳製品も。
(Valio 社)

カフェバーの広告
Baker's Café Bar
サウナ付きのカフェバーとは、さすがお国柄！
www.ravintolabakers.com/（サウナは要予約）

ハムメーカーのイメージ広告
Snellman
鼻めがねのおじさんは、おいしいハムの目印。
(Snellman 社)

マーガリンの広告
Voimariini から Oivariini へ
「慣れ親しんだ味、新しい名前」のキャッチ。
(Valio 社)

83

紙袋（上）・カフェのパンフレット（左）
Designed by Paola Suhonen
人気デザイナー、パオラが乳製品メーカー Valio の直営カフェのグッズをデザイン。赤ワイン（下）のパッケージも同様。

カードいろいろ（右）
iittala の代表モデルをモチーフにした絵はがきとミニカード。
（iittala 社、はがき € 1、ミニカード € 0.5）

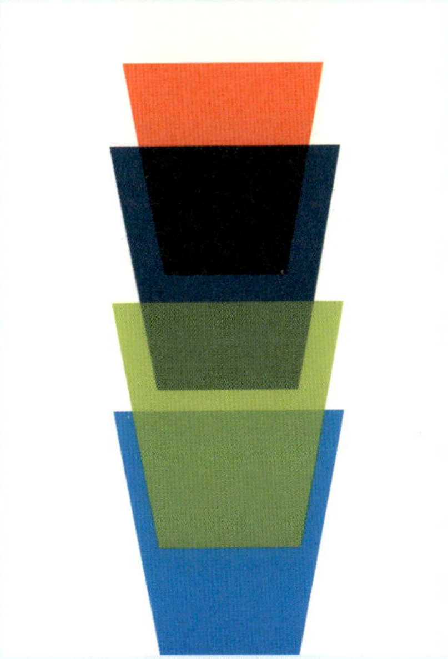
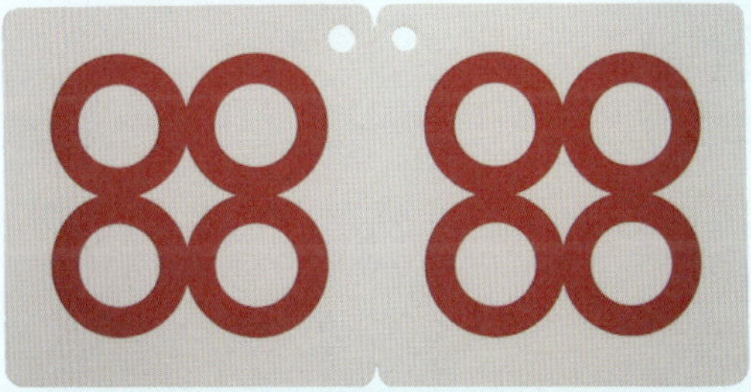
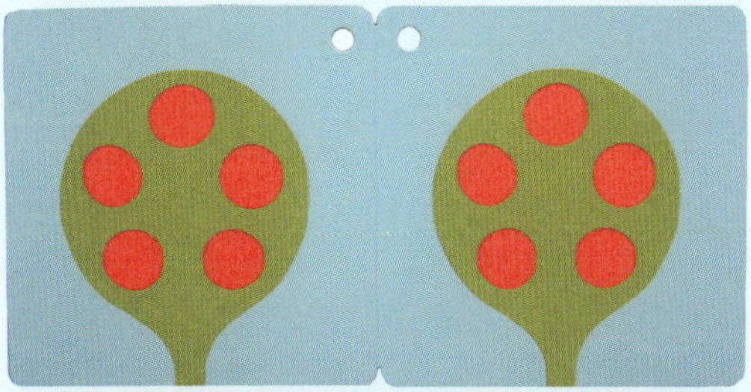
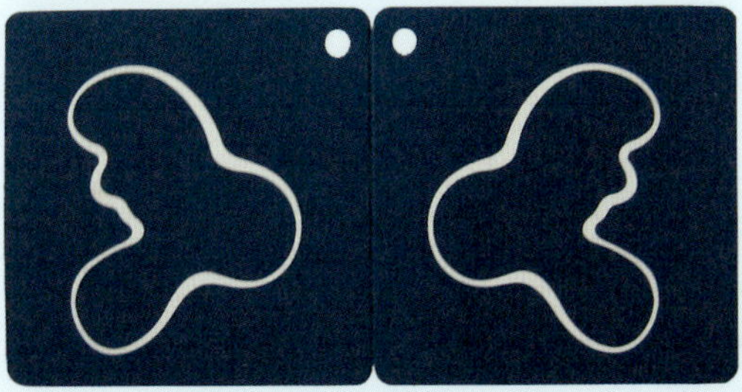

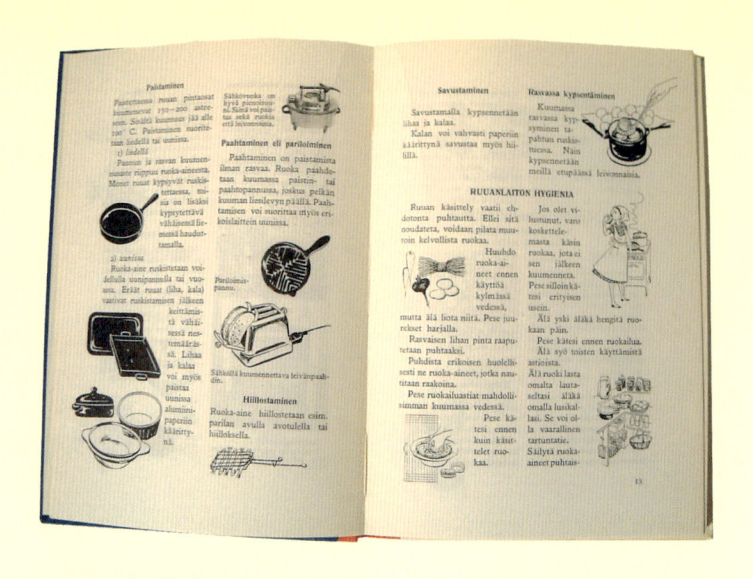

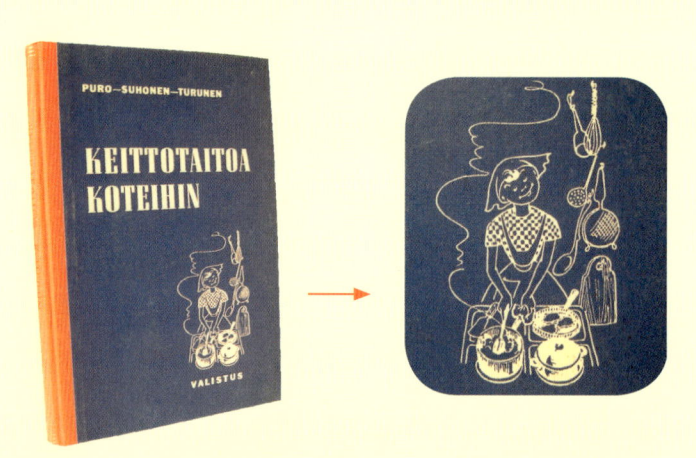

料理本
『KEITTOTAITOA KOTEIHIN』
1958年刊行の料理読本。挿絵がどれもかわいい！栄養素のことから素材や道具の選び方、献立の立て方、レシピまで……料理にかかわるすべてを丁寧に紹介。当時の食生活がよく分かります。いまでは台所に立つ男性も多いフィンランドですが、この頃はまだ家事のすべてを女性が切り盛りしていたようです。
(VALISTUS社、€9、古本屋で購入)

87

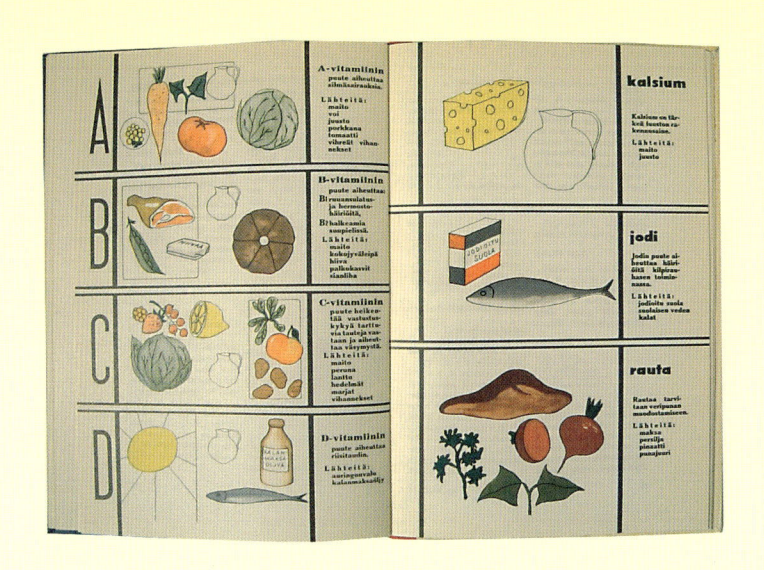

雑誌
『SUOMEN KUVALEHTI』
蚤の市の古本コーナーで発見。この雑誌は今も続く硬派な写真雑誌で、フィンランド版『Newsweek』といったところ。内容は政治、経済から日常生活まで多岐にわたります。豊富な写真からその時代の様子がよくわかる上に、心和む雰囲気の広告も盛りだくさん。掲載誌は、1950年代のもの。
(YHTYNEET KUVALEHDET社、€2、蚤の市で購入)

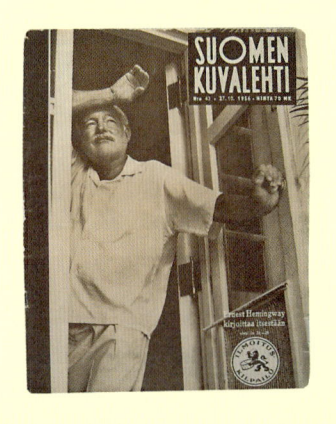

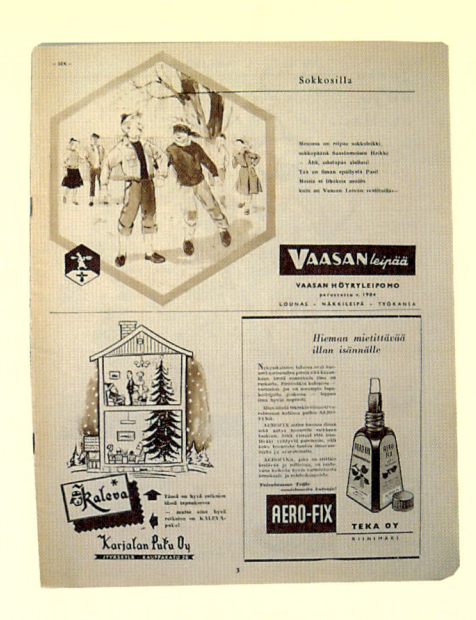

大忙しのお菓子屋さんが表紙（左）のクリスマス号はかわいいグリーティングカード付き（左上）。下の広告にあるASKOは、いまも健在な家具屋さん。このソファと椅子、実物を見てみたかった！

パーティ用くじ
FAIR PLAY
リングにぶらさがった棒状のくじは、ミシン目から切り取って開く。くるくるっと伸ばすと、番号が出てきます。そして、リングに残った部分にも同じ番号が。席決めやプレゼント抽選に最適。パーティで盛り上がるフィンランド人たちが目に浮かびます。
(€ 4.5)

ロト
LOTTO

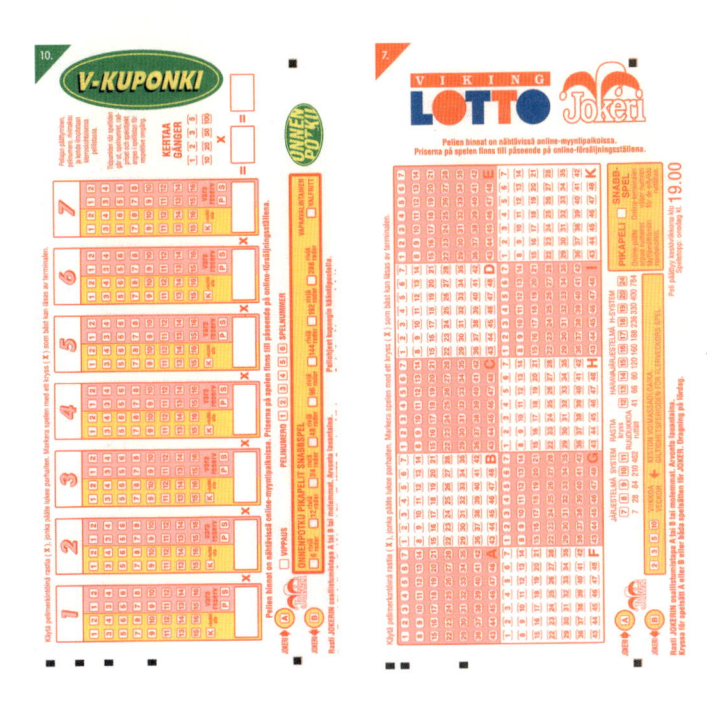

フィンランド版コンビニの KIOSKI やスーパーの専用コーナーでは
「ちょっとやっていくか」という感じでロトの数字を選んでいる人
を老若男女問わず、よく見かけます。種類がたくさんあるので、用
紙を見ているだけでも楽しい。
（値段はロトのタイプと賭け方によって異なる）

1

2

3

4

5

92

1.Kマーケットの
ビニール袋　2.Kマーケッ
ト、夏野菜バージョン　3.雑貨店、
ANNANSILMÄT　4.INTERSPORT
はスポーツ用品店　5.薬局チェーン、
Yliopiston Apteekki　6.スーパー sesto
の量り売りキャンディ用紙袋　7.Sがモ
チーフの STOCKMANN　8 菓子メー
カー Panda の袋はお土産屋さんで
9.パン、お菓子の店 marian の
キュートな袋

ヘラジカ注意
ヘルシンキ近郊でも見かけます。体長3mのヘラジカ、ぶつかると大事故になるので要注意。

トナカイ注意
ラップランドでは道路脇にトナカイがふらついているので、急停車もすることもしばしば。

歩行者用道路の標識
左はお父さんと女の子がほほえましい現在のもの、上は近所に残る50年代のもの。

交通機関のサイン
上から近郊バス、長距離バス、地下鉄のマーク。シンプルなガラス張りの建物をバックに目立ってます。

シリアラインの時刻表
ストックホルムやタリンなど、やや距離のある船旅に出たい時はシリアラインで。アザラシマークは、船の煙突にもついています。

ウインク・アザラシ
この表情は特別バージョン！　シリアラインのチケットセンターで出会えます。

マット屋さん（anki）の看板
部屋のアクセントとしてマットがよく敷かれています。綿の薄手のものが伝統もあり、人気です。

カフェ（Café Engel）の看板
大聖堂前の落ち着いた雰囲気のカフェは、地元客や観光客の憩いの場。

浴室用品店（VENUKSEN KYLPY）の看板
蛇口、タイル、浴槽、トイレなど、バスルームに必要なものは
何でも揃います。

古本屋さん（Antikvariaatti Sofia）の看板
古い石畳の道にぴったりの看板。思わず矢印
に誘われて店内へ。

料理学校（Helsingin Kulinaarinen
Instituutti）の看板
フレンチ、タイ、スペインなど、各国の
料理が学べます。

ヘルシンキのお買い物事情

お店と買い方の知識

スーパーでも挨拶を
お店のレジ（スーパーでも）では、店員さんと挨拶をするのが普通。レジで自分の番が来たら、「Hei(ヘイ)」とか「Moi(モイ)」（こんにちは！）と声をかけましょう。「ありがとう」は「Kiitos(キートス)」。レシート、おつりをもらう時には、ぜひこちらも。

スーパー3か条
野菜、果物類は量り売り。自分で秤にのせ、該当の番号を押すと値札シールが出てきます。デリやパンなどの対面販売コーナーは番号札システム。まず札をとり、自分の番号まで待ちます。また、ビニール袋は有料。レジ台の下に用意されています。

缶ビン・リサイクル事情
販売価格にはデポジット分が含まれていて、スーパーなどにあるリサイクルマシンに返すと、現金またはそこで使えるチケットでバックされます。リターナブル容器でないものは、逆にその分ちょっと安く売られています。

クスリはAPTEEKKI、お酒はAlkoが目印
薬屋さんは数多く、チェーン店もいろいろありますが、共通しているのは「APTEEKKI」の表示。白衣の店員さんが対応してくれます。またビール、サワー以外のお酒は専門店のAlkoでしか買えません。Alkoも袋は有料ですが、なかなかかわいいデザインです。

お店で役立つミニ用語
「ALE！セール！」、「ma-pe 月～金、la 土、su 日」、「avoinna 営業」、「suljettu 休み」、「Puhutko englantia（プフトゥコ エングランティア）？ 英語を話しますか？」……もっとも、ヘルシンキではまずどこでも英語が通じます。

ほとんど歩いて回れます
首都といっても小さな街。市街の主なスポットは歩いて回れます。ずっと続く石畳と時折出会う坂で歩き疲れたら「Kahvila カハヴィラ（カフェの意味）」をめざして下さい。コーヒーとフィンランド名物の菓子パンでひと休みしましょう。

便利なツーリスト・インフォメーション
無料の地図、パンフレット、検索システム、相談窓口などが揃った強い味方。ガイドツアーの予約やタリン行きの船のチケット購入も可能。まずは月別ガイドブック「HELSINKI this WEEK」を手に入れて、日替わりのイベントや主要スポットをチェック！

文房具店はありません
文房具屋さんで北欧らしいかわいいものを探そう！と思った方、ごめんなさい。こちらには文房具の専門店はありません。本屋またはスーパーの一部にある文房具コーナーがその役割を担っています。輸入ものが多いけれど、時々掘り出し物も見つかりますよ。

たっぷり休みます
平日は9時～20時、土曜は夕方まで、日曜は休みが普通。5月末から8月とクリスマス前は12時から営業の場合も。イースター、夏至祭、クリスマスは、ほとんどの店がクローズ。また、通常期でも、小さいお店は遅くOPENしたり、休んだりすることあり。

スーパー S-MARKET

食品中心スーパー sesto

老舗百貨店 STOCKMANN

庶民派デパート ANTTILA

ハンドクラフト店 ANNANSILMÄT

お酒専門店 Alko

HELSINKI
ALL POINTS CONSIDERED

ヘルシンキ観光局のロゴマーク

主なブランド＆メーカー

VALIO ヴァリオ
乳製品メーカーの大手。わが家の冷蔵庫に VALIO がない時はありません。牛乳、チーズ、ジュース、どのパッケージも目を楽しませてくれます。
www.valio.fi

RAISIO ライシオ
粉もの、オートミール、マーガリンなどのメーカー。小麦粉のブランド「SUNNUNTAI」やオートミール「Elovena」などは、フィンランドのキッチンに欠かせない定番。
www.raisiogroup.com/

Panda パンダ
ラクリッツ、サルミアッキやチョコレートで有名。50 年代、パッケージにパンダの絵を使ったのをきっかけに社名も Panda に変更。とぼけたパンダの絵はお菓子売り場でも目立ってます。
www.panda.fi/

Fazer ファッツェル
お菓子屋さんからスタートし、チョコレートやキャンディなどのお菓子類とパンの製造、そしてレストラン・ビジネスまで手がける。フィンランド人は Fazer のチョコが本当に大好き！
www.fazergroup.com/　www.fazermakeiset.fi/（お菓子部門）

Halva ハルヴァ
ギリシャのお菓子「ハルヴァ」の販売から始まった、赤いひし形がトレードマークのお菓子会社。いまではハルヴァの他、キャンディ、サルミアッキなどでも有名。かわいい HP も要チェック！
www.halva.fi/

NORDQVIST ノルクヴィスト
詩的なネーミングと美しいパッケージの紅茶ブランド。フィンランドにフレーバーティーを広めたパイオニア的存在。色々なフルーツをブレンドしたフレーバーティーはとてもいい香り。
www.nordqvist-tee.net/

SINI シニ
掃除用品が主力のメーカー。ロゴ、パッケージ、商品と、すべてが青をベースにデザインされている。どの商品も使いやすく、すっきりしたデザイン。
www.sini.fi/

erisan エリサン
アレルギーや敏感肌をいたわるシャンプー、洗剤などのブランド。清潔感のあるパッケージはどのお店でも見つけることができ、しかも適正価格なのがうれしい。
www.erisan.fi/

havi ハヴィ
お店で見かけるシンプルなろうそくは、多くがこの havi ブランドのもの。レトロなパッケージがかわいい。もともとは、ろうそく以外にもヘルスケア用品、洗剤類などを手がけていたメーカー。現在は Suomen Kerta 社の傘下に。

FISKARS フィスカルス
世界的な刃物メーカー。持ち手が流線型のはさみは、どこかで見覚えがあるはず。はさみだけでなく、ナイフ、包丁類も機能的で使いやすい。
www.fiskars.com/

＊「ヘルシンキとっておきスポット 64」（P100-P107）掲載分は除きます。

スーパーマーケット・百貨店・本屋・古本屋

S-MARKET エス・マーケット
スーパー２大チェーンのひとつ、Ｓマーケット。中央駅前、SOKOS デパート地下の支店は一通りのものがコンパクトに揃い、平日夜 10 時まで開いていて便利。
www.hok-elanto.fi/s-market/　Postikatu 2
MAP01

K-supermarket ケー・スーパーマーケット
もうひとつのスーパーチェーン。Ｋにいろいろもあるが、ここは食品中心の品揃え。おすすめはオリジナル・ブランド「PIRKKA」のもの。パッケージが懐かしい雰囲気。
www.k-supermarket.fi/　Kamppi 駅ビル内
MAP02

K-citymarket ケー・シティマーケット
Ｋグループの中では郊外型で、規模が最も大きいスーパー。食品から電化製品、サウナグッズまで、フィンランドの普通の暮らしを覗くならここで。
www.citymarket.fi/　Itämerenkatu 21-23(地下鉄 Ruoholahti 駅近く)
MAP03

valintatalo ヴァリンタタロ
都会で暮らす人をターゲットに、少量パックやすぐ食べられるものなどに力を入れているスーパー。広告などのビジュアル面もすっきり洗練された雰囲気。
www.valintatalo.fi/　Annankatu 18
MAP04

SIWA シヴァ
規模は小さいが営業時間が長く、最低限のものが揃うコンビニ的な存在。狭い店内にぎっしり商品が詰まっているのでちょっとした探検気分に。
www.siwa.fi/　Eerikinkatu 39 など
MAP05

STOCKMANN ストックマン
日用品からインテリアまで、高品質のものが揃う百貨店。おすすめは地下の食料品と 4 階のお土産、食器売り場。製氷器、保存容器用シールも、ここで購入。
www.stockmann.fi/　Aleksanterinkatu 52
MAP06

ANTTILA アンッティラ
食品や家具以外は何でも扱う庶民派デパート。品揃えではストックマンに劣るが、同じ日用品がお得な値段で見つかる。
www.anttila.fi/　Kaivokatu 6 (中央駅向かいのビル内)、Kamppi 駅ビル内など
MAP07

Kodin Ykkönen コディン・ウッコネン
K-supermarket、ANTTILA と同じグループのデパートで、庶民的なインテリア用品、家具がメイン。Kaisaniemi 店はサウナグッズ、リネン類などが豊富。
www.kodin1.com/　Kaisaniemenkatu 5 (地下鉄 Kaisaniemi 駅直結)
MAP08

ヘルシンキとっておきスポット 64

AKATEEMINEN KIRJAKAUPPA　アカデミア書店
ストックマン隣の本屋さん。吹き抜けのある明るい店内には至る所にアアルトの椅子があり、のんびり本を選べる。地下文具コーナーのオリジナル商品もおすすめ。
www.akateeminen.com/fin/　Keskuskatu 1
MAP09

SUOMALAINEN KIRJAKAUPPA　スオマライネン書店
メジャーな本のチェーン店で、赤と白の看板が目印。幅広い品揃えの店内では、時期を問わずに本のセール品（オレンジの値段シール）が見つかる。
www.suomalainen.com/sk/　Aleksanterinkatu 23、Kamppi 駅ビル内など
MAP10

Kirjakauppa Taide　ブックショップ・タイデ
中央駅前のアテニウム美術館内にある本屋さん。美術書専門店で、フィンランドのアーティストに関する本が豊富。美術館のオリジナル・グッズもあり。
www.ateneum.fi/　Kaivokatu 2
MAP11

KIRJATORI　キルヤトリ
いつもセール！の本屋さん。本に加えておすすめはカード類。型落ちのものが安く売られているので掘り出し物が見つかります。文房具、おもちゃもあり。
www.kirjatori.fi/　中央駅地下街など
MAP12

Hobboks　ホッボクス
インテリア、食、デザインといった趣味の本に特化した店。英語の本も多い。ナチュラルな内装の店内にはソファもあり、中庭を見ながらくつろげる。
www.hobboks.com/　Korkeavuorenkatu 45（artek 脇の道沿い）
MAP13

Kampintorin Antikvariaatti　カンピントリ古書店
お店の人がとってもフレンドリー。P86-P87 の料理書も、こちらで発見。店の外においてある「どれでも 50 セントワゴン」も、要チェック！
Fredrikinkatu 63
MAP14

Antikvariaatti Sofia - Sarmaja & Hiltunen　ソフィア古書店
大聖堂前にある古本屋さん。この場所では２０年、お店自体は７５年も続いているという老舗。蝶ネクタイをした店主のおじいさんがナイスキャラ。
www.seppohiltunen.fi/　Sofiankatu 6c
MAP15

YRJÖNKADUN ANTIKVARIAATTI　ウュルヨンカドゥン古書店
ショッピングセンター Forum 裏にたたずむ、小さいけれど、多分野の古本が見つかる店。ロケーションが便利なので、ついつい覗いてしまう。
Yrjönkatu 21(ソコストルニ Sokos Hotel Torni ホテル向かい)
MAP16

雑貨・フリーマーケット・薬局・郵便局

Pino ピノ
白、黒、グレー、ベージュのものがメインの雑貨店。シンプルだけど、ちょっとひねりのあるものが見つかる。写真は木のトング。ありそうでなかった感じでひとめぼれ。
www.pino.fi/　Annankatu 13
MAP17

moko モコ
雑貨、インテリア小物全般を扱う人気ショップ。もともとはろうそく専門店。豊富に揃うアロマ・キャンドルがおすすめ。カジュアルなろうそくのコーディネートも参考になる。
www.moko.fi/　Bulevardi 2
MAP18

Tiimari ティーマリ
国内に160店舗以上、手芸用品、文具、日用品と何でも揃う雑貨チェーン店。いろいろな種類のシールや、少し野暮ったいオリジナル商品がかわいい。
www.tiimari.fi/　Mannerheimintie 3
MAP19

Day デイ
ポップな色使いの店内にはカジュアルな雑貨がたくさん。北欧で流行っているオリエンタルなテキスタイルから、カラフルな家電まで。かわいい犬（本物）が、店のマスコット！
www.dayshop.fi/　Bulevardi 11
MAP20

Kiseleffin Talo キセレフハウス
もとはストックマンだった建物にハンドクラフト店が集まっている。フェルトグッズがかわいい。2階にはカフェもあり、館内を見下ろせる席がおすすめ。
www.kiseleffintalo.fi/　Aleksanterinkatu 28（大聖堂広場前）
MAP21

ANNANSILMÄT アンナンシルマトゥ
カゴ、木製品など、ナチュラル好きにはたまらないハンドクラフト店。白樺でできたカゴはインテリアにもぴったり。写真は薪用だが、わが家では洗濯カゴとして活躍中。
www.annansilmat.fi/　Annankatu 16（オールドチャーチ脇）
MAP22

Chez Marius シェ・マリウス
Bulevardi通りをはさんで、こだわりのキッチン用品店とインテリア小物メインのギフトショップの2店がある。どちらも機能的でおしゃれなものがいっぱい。
www.chezmarius.fi/　Fredrikinkatu 26（キッチン用品）、Bulevardi11（ギフトショップ）
MAP23

Arabian Tehtaanmyymälä アラビア・ファクトリーショップ
工場内のショップでは正規品の他、B級品（黄色の値札、まあまあお得）、製造中止決定モデル（赤の値札、一番お得）が手に入る。博物館では、歴代モデルも展示されている。
www.arabia.fi/　Hämeentie 135（6番トラム「Arabiankatu」下車、煙突が目印）
MAP24

ヘルシンキとっておきスポット 64

aarikka アーリッカ
あひる、羊、ヘラジカ、鳥などがモチーフの木製小物はギフトにぴったり。どれも木のあたたかみを生かした丸みのあるデザイン。他にもアクセサリー、食器、インテリア小物など。
www.aarikka.fi/　Pohjoisesplanadi 27 他
MAP25

marimekko マリメッコ
老いも若きも斜めがけバッグとボーダーTシャツ、ご近所の窓辺には unikko カーテン。フィンランド人に本当に愛されています。Kämp 内地下ショップの端切れコーナーがおすすめ。
www.marimekko.fi/　Pohjoisesplanadi 31（Kämp Galleria カンプギャラリー内）他
MAP26

Moomin Shop ムーミンショップ
小さいけれど、ムーミン・グッズ満載の専門店。定番のマグカップやぬいぐるみはもちろん、ベビー服やクッキーの抜き型、クリスマス・オーナメントなどもあり。
Pohjoisesplanadi 33(Kämp Galleria カンプギャラリー内）
MAP27

Hietalahdentori ヒエタラハティ広場
毎日、屋外と屋内でフリーマーケットが開かれている。屋内マーケットはアンティーク・ショップの集合体で、印刷物、コイン、食器、家具などが狭い通路沿いにいっぱい！
www.antiikki.fi/　Hietalahdentori
MAP28

Wiedermeier ウィーデルメイヤ
布もの、食器、家具など、ごちゃまぜでぎっしり！いくつも小さな部屋に分かれた店内は、まさに宝探し状態のフリーマーケット屋さん。古い marimekko の洋服がおすすめ。
Vironkatu 10
MAP29

UFF ユーエフエフ
ヘルシンキに6つある古着屋さん。街に置かれた回収箱に入れられたものが店頭に並び、売り上げは途上国へ寄付される。服、小物にカーテン生地などのテキスタイルも。
www.uff.fi/　Runeberginkatu 4 C、Fredrikinkatu 36 など
MAP30

Yliopiston Apteekki ウリオピストン薬局
創業1755年という老舗薬局チェーン。日本のドラッグストアと違ってかなり静かな雰囲気。薬の他には、健康食品なども売られている。
www.yliopistonapteekki.fi/　Mannerheimintie 5
MAP31

Posti 中央郵便局
博物館、ミュージアムショップ、切手ショップ、カフェなどに加えて公立図書館も併設。2階のゆったりとしたデスクスペースで、絵はがきを書いてみては？
www.posti.fi/　Elielinaukio 2F
MAP32

インテリア・デザイン・ミュージアム

skanno スカンノ
ヘルシンキ西端の海辺に2500平米のスペースを構えるインテリア・ショップ。家具、雑貨に加え、本屋、花屋、レストランも併設、ゆっくり時間をとって訪れたい。
www.skanno.fi/　Porkkalankatu 13 G
MAP33

WANDA ワンダ
広い地下フロアには、シンプルでモダンな家具とこだわりのキッチン、バス用品。1階には、コーディネートのスパイスとなりそうなかわいい雑貨がいっぱい。
www.wanda.fi/　Runeberginkatu 4
MAP34

stanza スタンザ
あたたかみがあって心地いいものと、モダンでデザインの優れたもの。2つのコンセプトを持ったインテリア・セレクトショップ。カラフルなものが多くて楽しい。
www.stanza.fi/　Annankatu 24
MAP35

ZAZA ザザ
シンプルで上質なオリジナル家具が揃うインテリア・ショップ。インテリア小物のセレクトも、シックでおしゃれなものが多い。
www.zaza.fi/　Annankatu 23
MAP36

Design Forum デザインフォーラム
フィンランドのデザイン・グッズが一同に揃う。デザイン関係のフリーペーパー、パンフレットなども豊富。奥のスペースで開かれる展示は、見逃せない好企画多し。
www.designforum.fi/　Erottajankatu 7
MAP37

Johanna Gullichsen ヨハンナ・グリクセン
幾何学模様と抑えめトーンの色使いがシックな高級テキスタイル・ブランド。ポーチ、バッグ類やキッチン・ファブリックが素敵。
www.johannagullichsen.com/　Fredrikinkatu 18
MAP38

Galleria NORSU ギャラリー・ノルス
新世代の北欧ハンドクラフトを紹介するギャラリー。ショップも併設され、まだ知られていない北欧の手作りデザインに出会うことができる。
www.norsu.info/　Kaisaniemenkatu 9
MAP39

VEPSÄLÄINEN ヴェプサライネン
シンプルで上質な家具を見たかったら老舗家具チェーンのこちらへ。Artekをはじめ、北欧全体からセレクトしたブランドを一度に見ることができる。
www.vepsalainen.com/　Annankatu 25
MAP40

ヘルシンキとっておきスポット 64

Aste 90　アステ９０
学生、プロを問わず、国内の作家の新しいプロダクトを扱う。ジュエリーから小物、家具まで、１点ものも多い。おすすめはバッグ類。
www.aste90.fi/　Rikhardinkatu 1
MAP41

LASIKAMMARI　ラシカンマリ
iittala のグラス、陶器、marimekko の布などを扱うアンティーク・ショップ。オーナーは iittala の工場近くでも店を持っていたため、レアものが見つかる可能性大。
Liisankatu 9
MAP42

Vanhaa ja Kaunista　ヴァンハー・ヤ・カウニスタ
７０年代以降のフィニッシュ・モダンを初めて取り上げたことで有名なアンティーク・ショップ。整然とした店内、奥のコーナーにはお手頃価格の食器も並ぶ。
www.vjak.net/　Liisankatu 6
MAP43

The Aalto House　アアルト自邸
フィンランドを代表する巨匠の邸宅は、市の中心から４番トラムで２０分ほど。入場可能時間が決まっているのでご注意を。小さなショップ・コーナーもあり、関係書籍が揃っている。
www.alvaraalto.fi/　Riihitie 20（４番トラム「Laajalahden aukio」下車）
MAP44

Jugendsali　アールヌーボー・ホール
市の公共スペースで、入場無料のミニ展覧会が催されている。アールヌーボー・スタイルの館内は、細かい意匠を見るだけでも面白い。
www.hel2.fi/kkansl/jugendsali/　Pohjoisesplanadi 19
MAP45

Helsingin Kaupunginmuseo　ヘルシンキ市博物館
フィンランドの歴史がビジュアルで説明され、フィンランド・デザインが生まれる背景を知る手がかりに。併設映画館では、ヘルシンキに関するショート・フィルムも上映。
www.hel2.fi/kaumuseo/　Sofiankatu 4
MAP46

DESIGNMUSEO　デザイン博物館
地下１階では、フィンランドのデザイナーによる家具、食器、照明などを常設展示。１階のミュージアム・ショップには、iittala、aarikka などのデザイングッズが。
www.designmuseum.fi/　Korkeavurenkatu23
MAP47

Hotelli- ja Ravintolamuseo　ホテル＆レストラン博物館
新たなアート発信拠点「カーベリ」内にある。センスのいいホテルの部屋、調理道具、お酒のボトルなどが展示され、デザイン好きにも興味津々の穴場的スポット。
www.hotellijaravintolamuseo.fi/　Tallberginkatu1
MAP48

105

カフェ・スイーツ・なごめる場所

Ekberg エクベル
ヘルシンキで一番古いカフェ。自慢のおいしいパンが食べ放題のスープランチがおすすめ。地元マダムたちを観察するのも楽しい。
www.cafeekberg.fi/　Bulevardi 9
MAP49

Café Ursula カフェ・ウルスラ
ヘルシンキの南端、海沿いの大きなテントが目印。お天気が良ければぜひ外の席で。菓子パン類がおすすめ。ヘルシンキのカフェとしては珍しく遅くまで OPEN している。
www.ursula.fi/　Ehrenströmintie 3
MAP50

Rahamuseo 貨幣博物館のカフェ
大聖堂脇、小さいけれど穴場度高いミュージアム・カフェ。お茶受けについてくるユーロ型のクッキー（写真）が、かなりかわいい。
www.rahamuseo.fi/　Snellmaninkatu 2
MAP51

Amos Andersonin Taidemuseo アモス・アンダーソン美術館のカフェ
この小さなミュージアム・カフェは、手作りメニューがうれしい。タウン誌やフリーペーパーもあって、居心地良し。展示室内が少し見えるのも、ちょっと得した気分！
www.amosanderson.fi/　Yrjönkatu 27
MAP52

Valion baari ヴァリオ・バー
Valio 直営のカフェ。シェーク風飲み物「pirtelö ピルテロ」が人気。パオラ・スホネンのオリジナル・グッズも購入可能。店員の制服も彼女がデザイン。
www.valio.fi/baari/　Kamppi 駅ビル内
MAP53

Café Picnic カフェ・ピクニック
チェーン店だといって、侮るなかれ。お店で焼くバゲットのサンドとスープのセットがお得で美味しい。そして、焼き立てシナモンロールは絶品！
www.picnic.fi/　中央駅地下街など
MAP54

Bulevardin Kahvisalonki ブレヴァルディ・コーヒーサロン
便利な場所にあって夜 21 時までと使い勝手のいいカフェ。自家製ケーキとキッシュが自慢。おしゃれなお店が多い界隈なので、窓越しのマンウォッチングも楽しい。
Bulevardi 1
MAP55

Fazer Café ファッツェル・カフェ
チョコレートで有名な老舗お菓子メーカー直営のカフェ。コーヒーは、ミントチョコとおかわり 1 杯付き。乳脂肪たっぷり！味のアイスクリームもおすすめ。
www.fazercafe.fi/FazerCafe/　Kluuvikatu 3
MAP56

ヘルシンキとっておきスポット 64

Kakkugalleria カックガッレリア
フレンチタイプのケーキ屋さん。ストックマンでも購入できるが、ぜひ清潔感あふれる本店で。おすすめはライムとマンゴーのケーキとパッションフルーツ・チーズケーキ。
www.kakkugalleria.com/　Bulevardi 34
MAP57

Helkan Keittiö ヘルカン・ケイッティオ
穴場ホテルにあるレストラン。Artek で統一されたインテリアのなか、伝統的なフィンランド料理を手頃な値段で楽しめる。おすすめは平日のランチビュッフェ。
www.helka.fi/keittio/　Pohjoinen Rautatiekatu 23
MAP58

Ravintola Buffet レストラン・ビュッフェ
ストックマン（百貨店）の６階にあるファミリー向けのセルフサービス食堂。フィンランド料理のトレンドが伺えるのも面白い。子連れママも多く、なごやか。
www.stockmann.fi/　Aleksanterinkatu 52 B
MAP59

Sinebrychoffinpuisto シネブルチョフ公園
ヒエタラハティ広場の反対側、塀の向こうに広がる市民の憩いの場。なだらかな芝生の斜面でお昼寝をどうぞ。Uudenmaankatu や Eira 地区への通り抜けも可能。
MAP60

Eira エイラ
緑豊かな歴史ある高級住宅街。このあたりだけ道がくねくねとしているので、アールヌーボー調のお屋敷を観察しつつ適当に散歩してみるのが面白い。
MAP61

Kaivopuisto カイヴォ公園
ヘルシンキ南端に広がる大きな公園、もともとロシアの上流階級のためのスパ施設があった場所。世界遺産のスオメンリンナ島を目の前に、のんびりした時間を過ごせる。
MAP62

Itäinen Puistotie 大使館ストリート周辺
大使館や公邸が並ぶ Itäinen Puisto 通りと、海沿いの Eteläranta 通りは、散歩に最適。美しい庭や個性豊かな建物、そして停泊する大型客船と歩いていて飽きない。
MAP63

Hietaniemen Hautausmaa ヒエタニエミ墓地
アアルトも眠る墓地は、広々としていてお散歩にぴったり。すぐ向かいが病院（映画『過去のない男』に出てきます）だったり、墓地の奥がビーチにつながっているのには驚き。
MAP64

ヘルシンキ市街 MAP

アラビア・ファクトリー 24
アアルト自邸 44
カーペリ Kaapeli（ケーブルファクトリー）48

Runeberginkatu 5
Malminkatu
Lapinlahdenkatu
Lapinrinne
Ruoholahdenkatu
Hietalahdenk 05
Porkkalankatu
Itämerenkatu
Kellosaarenkatu
Santakatu
Kellosaarenranta

03
33
64

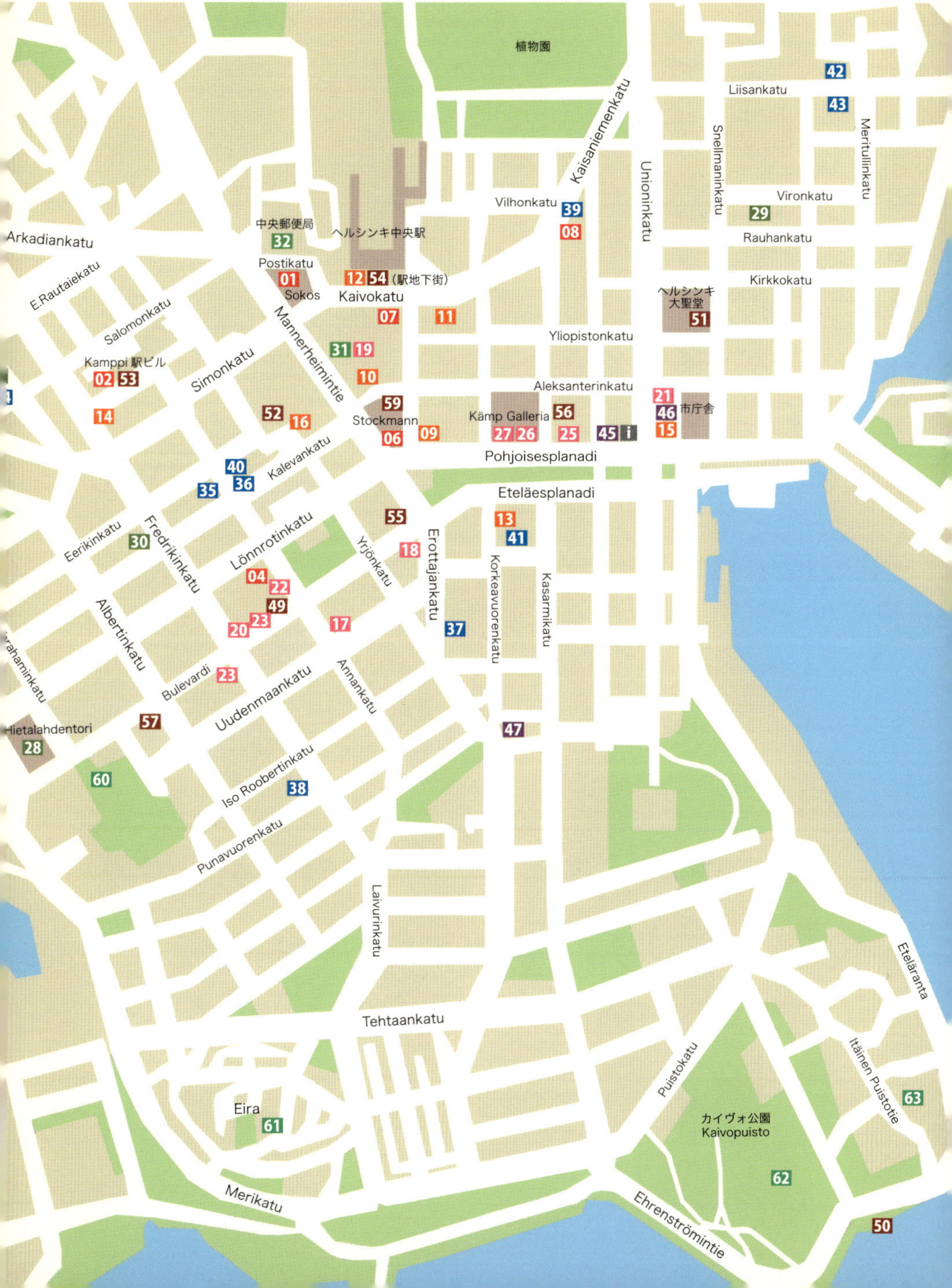

植物園
42
Liisankatu
43
Kaisaniemenkatu
Unioninkatu
Snellmaninkatu
Meritullinkatu
Vironkatu
29
Vilhonkatu
39
08
Rauhankatu
中央郵便局
32
ヘルシンキ中央駅
Arkadiankatu
Postikatu
01
Sokos
12
54
（駅地下街）
Kaivokatu
Kirkkokatu
ヘルシンキ
大聖堂
51
E.Rautaiekatu
Salomonkatu
07
11
Yliopistonkatu
Mannerheimintie
31
19
Kamppi 駅ビル
02
53
Simonkatu
10
Aleksanterinkatu
21
46
市庁舎
15
14
52
16
59
Stockmann
06
09
Kämp Galleria
56
27
26
25
45
i
Pohjoisesplanadi
40
36
Kalevankatu
35
Eteläesplanadi
55
13
41
Eerikinkatu
30
Fredrikinkatu
Lönnrotinkatu
Yrjönkatu
18
Erottajankatu
Korkeavuorenkatu
Kasarmikatu
04
22
49
Albertinkatu
23
20
17
37
Bulevardi
23
Uudenmaankatu
Annankatu
Hietalahdentori
28
57
47
60
Iso Roobertinkatu
38
Punavuorenkatu
Laivurinkatu
Eteläranta
Tehtaankatu
Itäinen Puistotie
Puistokatu
63
Eira
61
カイヴォ公園
Kaivopuisto
62
Merikatu
Ehrenströmintie
50

好評発売中！

発行：インターシフト　発売：合同出版

『北欧スウェーデンのかわいいモノたち』
山本由香［著］　1800円＋税

ストックホルム在住の著者が集めたスウェーデンの日用品・雑貨たち。IKEA上陸で注目を集めるスウェーデン・デザインの魅力が満載。巻末に「ストックホルムとっておきスポット64」付き！

●

『北欧フィンランドのかわいいモノたち』
菅野直子［著］　1800円＋税

ヘルシンキ在住の著者が集めたフィンランドの日用品・雑貨たち。やさしく愛らしいデザインの数々が、フィンランドの素顔を伝えてくれます。巻末に「ヘルシンキとっておきスポット64」付き！

●

『北欧デンマークのかわいいモノたち』
京極祥江［著］　1800円＋税

コペンハーゲン在住の著者が集めたデンマークの日用品・雑貨たち。デンマーク流の洗練された大人のかわいらしさを堪能ください。巻末に「コペンハーゲンとっておきスポット64」付き！

INFORMATION

『北欧スウェーデンの暮らしとデザイン（1）
　自然のなかのやさしいデザインたち』
道田聖子［著］　1600円+税

素敵なデザインは、北欧の田舎から生まれます。
豊かな自然に抱かれたデザインの故郷を訪ねる、
珠玉のフォトエッセイ。

●

『北欧スウェーデンの幸せになるデザイン』
山本由香［著］　2200円+税

ストックホルム在住の著者が、デザイン王国・ス
ウェーデンの魅力のすべてを紹介。身近なモノか
ら、家具・インテリア、店・街、ファッションまで。
「グッドデザインを、だれにでも！」を実感できます。

近刊予定！

『北欧ダーラナの手作り雑貨たち（仮）』
マツバラヒロコ［著］

スウェーデンのこころの故郷と言われるダーラナ
地方。美しい自然のなかで育まれた手作り雑貨た
ちを現地で暮らす著者が紹介。

その他、続々刊行準備中です。

●

ウェブマガジン

知れば知るほど奥深い北欧の魅力を伝えるウェブ
マガジン。メルマガでは北欧本の刊行などもお知
らせします。
こちらへ・・・・・・・・・・・・・▶

北欧ライフスタイリング
www.hokuouls.com

菅野直子　Naoko Sugano
フィンランドの首都ヘルシンキ近郊に暮らす。現地の企業に勤務しながら、フィンランドの暮らしの情報をPR誌などに寄稿。自然が身近にあり、人間的なスケールの街・ヘルシンキの散歩が大好き。

北欧フィンランドのかわいいモノたち
2005年11月15日　第1刷発行
2007年 7月10日　第2刷発行

著　者　　菅野直子
発行者　　宮野尾充晴
発　行　　株式会社 インターシフト
　　　　　〒156-0042
　　　　　東京都世田谷区羽根木1-19-6
　　　　　電話　03-3325-8637
　　　　　www.intershift.jp/

発　売　　合同出版 株式会社
　　　　　〒101-0051
　　　　　東京都千代田区神田神保町1-28
　　　　　電話　03-3294-3506
　　　　　FAX　03-3294-3509
　　　　　振替 00180-9-65422
　　　　　www.godo-shuppan.co.jp/

印刷・製本　モリモト印刷株式会社

カバーデザイン　織沢 綾

©2005 Naoko Sugano
定価はカバーに表示してあります。
落丁本・乱丁本はお取り替えいたします。
Printed in Japan
ISBN978-4-7726-9503-9